职业教育理实一体化规划教材

电气控制与 PLC 技术

（西门子 S7 – 200 系列）

张　艳　主编
程　周　主审

電子工業出版社

Publishing House of Electronics Industry

北京·BEIJING

内 容 简 介

本书采用项目引领、任务驱动式的编写模式，共分电气控制和 PLC 控制两大部分，电气控制部分以 X62W 型卧式万能铣床电气控制线路为例，主要介绍电气基本控制环节，以及整台机床的电气控制原理、安装接线与故障排除；PLC 控制部分以西门子公司的 S7-200PLC 为样机，以物料分拣设备的 PLC 控制系统安装与调试为例，介绍 PLC 的结构、原理、功能和应用等有关理论和实践技能，通过具体控制项目对 PLC 控制程序的设计与编写方法进行详细介绍。

本书结合职业学校教学实际与生产岗位的需求，选用大量的应用实例和图表，从工程应用的角度出发，理论与实践相结合，在实训中融入所需的理论知识，突出知识的应用性和实践性，帮助读者学习和掌握电气与 PLC 控制的工作原理、控制程序的设计方法等。本书还配有电子教学参考资料包（包括教学指南、电子教案、习题答案）。

本书可作为职业学校机电、机械、电气类专业教材，也可作为相关行业的岗位培训教材。

图书在版编目（CIP）数据

电气控制与 PLC 技术：西门子 S7-200 系列/张艳主编. —北京：电子工业出版社，2013.7

职业教育理实一体化规划教材

ISBN 978-7-121-20512-5

Ⅰ. ①电… Ⅱ. ①张… Ⅲ. ①电气控制－中等专业学校－教材②plc 技术－中等专业学校－教材

Ⅳ. ①TM571.2②TM571.6

中国版本图书馆 CIP 数据核字（2013）第 110616 号

策划编辑：靳　平
责任编辑：康　霞
印　　刷：三河市兴达印务有限公司
装　　订：三河市兴达印务有限公司
出版发行：电子工业出版社
　　　　　北京市海淀区万寿路 173 信箱　邮编　100036
开　　本：787×1 092　1/16　印张：14.5　字数：371
版　　次：2013 年 7 月第 1 版
印　　次：2023 年 8 月第 17 次印刷
定　　价：27.60 元

凡所购买电子工业出版社图书有缺损问题，请向购买书店调换。若书店售缺，请与本社发行部联系，联系及邮购电话：(010) 88254888,) 88258888。

质量投诉请发邮件至 zlts@ phei. com. cn，盗版侵权举报请发邮件至 dbqq@ phei. com. cn。

本书咨询联系方式：(010) 88254592，bain@ phei. com. cn。

职业教育理实一体化规划教材

编审委员会

主　任：程周

副主任：过幼南　李乃夫

委　员：（按姓氏笔画排序）

王国玉　王秋菊　王晨炳

王增茂　刘海燕　纪青松

张　艳　张京林　李山兵

李中民　沈柏民　杨　俊

陈杰菁　陈恩平　周　烨

赵俊生　唐　莹　黄宗放

出 版 说 明

为进一步贯彻教育部《国家中长期教育改革和发展规划纲要（2010—2020）》的重要精神，确保职业教育教学改革顺利进行，全面提高教育教学质量，保证精品教材走进课堂，我们遵循职业教育的发展规律，本着"着力推进教育与产业、学校与企业、专业设置与职业岗位、课程教材与职业标准、教学过程与生产过程的深度对接"的出版理念，经过课程改革专家、行业企业专家、教研部门专家和教学一线骨干教师的共同努力，开发了这套职业教育示范性规划教材。

本套教材采用项目教学和任务驱动教学法的编写模式，遵循真正项目教学的内涵，将基本知识和技能实训融合为一体，且具有如下鲜明的特色。

（1）面向职业岗位，兼顾技能鉴定

本系列教材以就业为导向，根据行业专家对专业所涵盖职业岗位群的工作任务和职业能力进行分析，以本专业共同具备的岗位职业能力为依据，遵循学生认知规律，紧密结合职业资格证书中的技能要求，确定课程的项目模块和教材内容。

（2）注重基础，贴近实际

在项目的选取和编制上充分考虑了技能要求和知识体系，从生活、生产实际引入相关知识，编排学习内容。项目模块分解成若干任务，任务主要以工作岗位群中的典型实例提炼后进行设置，注重在技能训练过程中加深对专业知识、技能的理解和应用，培养学生的综合职业能力。

（3）形式生动，易于接受

充分利用实物照片、示意图、表格等代替枯燥的文字叙述，力求内容表达生动活泼、浅显易懂。丰富的栏目设计可加强理论知识与实际生活、生产的联系，提高学生的学习兴趣。

（4）强大的编写队伍

行业专家、职业教育专家、一线骨干教师，特别是"双师型"教师加入编写队伍，为教材的研发、编写奠定了坚实的基础，使本系列教材符合职业教育的培养目标和特点，具有很高的权威性。

（5）配套丰富的数字化资源

为方便教学过程，根据每门课程的内容特点，对教材配备相应的电子教学课件、习题答案与指导、教学素材资源、教学网站支持等立体化教学资源。

职业教育肩负着服务社会经济和促进学生全面发展的重任。职业教育改革与发展的过程，也是课程不断改革与发展的历程。每一次课程改革都推动着职业教育的进一步发展，从而使职业教育培养的人才规格更适应和贴近社会需求。相信本系列教材的出版对于职业教育教学改革与发展会起到积极的推动作用，也欢迎各位职教专家和老师对我们的教材提出宝贵的建议，联系邮箱：jinping@phei.com.cn。

电子工业出版社

前　　言

本书依据教育部颁布的相关教学指导方案和维修电工的国家职业标准，结合长期教学改革实践编写而成。本书坚持"以服务为宗旨，以就业为导向"的职业教育办学方针，采用"项目引领，任务驱动"的编写模式，通过教师引领学生完成本书所设计的工作任务，使学生逐渐掌握电气与 PLC 控制的基本职业技能。

全书共分电气控制和 PLC 控制两大部分，电气控制部分以 X62W 型卧式万能铣床电气控制线路为例，主要介绍电气基本控制环节的安装接线与故障排除，以及整台机床的电气控制线路分析与故障排除；PLC 控制部分以西门子公司的 S7 - 200PLC 为样机，以物料分拣设备的 PLC 控制系统安装与调试为例，系统介绍了 PLC 的结构、原理、功能和应用等有关理论和实践技能，通过具体的控制项目对 PLC 控制程序的设计与编写方法进行详细介绍。

本书的编写模式具有以下突出特色。

（1）采用项目教学法。注重理论实践一体化教学模式的探索和改革，通过所设计的若干技能训练任务围绕实践技能开展教学，使学生掌握国家职业资格所规定的知识技能和操作技能。

（2）知识实用。所设计的工作任务紧密联系生活、生产实际，选用了大量的工程实例，结合职业学校教学实际与岗位需求，以实践为主线，理论内容以够用为度，实用为主。

（3）突出操作。电气线路的安装接线和故障排除、PLC 程序的编制与安装调试等内容贯穿全书。体现以应用为核心，以培养学生实际动手能力为重点，力求做到学与教并重，科学性与实用性相统一，将讲授理论知识与培养操作技能有机地结合起来。

（4）教学适用性强。在编写体例上采用新的形式，每个项目有明确的学习目标，内容从易到难，逐步深入。全书采用大量的实物图片、表格，图文并茂，直观明了，符合学生的心理特征和认知规律，便于理解与接受。

本书由河南机电职业学院张艳担任主编，其中，张艳编写项目 1 的任务二、七，项目 2 的任务三、七；魏新华编写项目 1 的任务一、八；台畅编写项目 1 的任务三、四、五；王晓侃编写项目 1 的任务六；杨密编写项目 2 的任务一、二；苏全卫编写项目 2 的任务四、五；朱振伟编写项目 2 的任务六、八。

本书由程周主审，并对本书的编写提出了许多宝贵的建议。

由于作者水平有限，书中难免有错误和不当之处，敬请读者批评指正。

编　　者

目　　录

项目 1

X62W 型铣床电气控制线路的安装与故障检修

【项目介绍】

1. X62W 型铣床的功能

X62W 型卧式万能铣床是一种通用的多用途机床，可以用来加工平面、斜面和沟槽等，装上分度头后还可以铣削直齿齿轮和螺旋面，装上圆工作台还可以铣削凸轮和弧形槽，具有主轴转速高，调速范围宽，操作方便和加工范围广，性能优越，结构先进等特点。

2. X62W 型铣床的动作

如图 1-1 所示，X62W 型卧式万能铣床的主要组成部件有底座、床身、悬梁、工作台和升降台等。箱形的床身固定在底座上，床身内装有主轴的传动机构和变速操纵机构。其运动形式主要有：主轴的正、反向旋转运动，工作台前、后、左、右、上、下方向的进给运动和圆工作台的运动，冷却液的供给、主轴的变速冲动等。

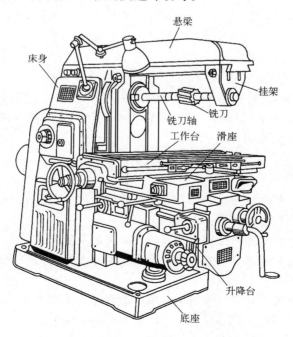

图 1-1　X62W 型铣床的外形示意图

3. 电气控制的内容

X62W 型铣床的电气控制系统是由一些基本控制环节组成的，包括主轴电动机的正/反转控制、工作台移动控制、工作台进给变速冲动控制、主轴变速冲动控制、冷却泵电动机控制等。在工作过程中，其电气控制系统可能会出现一些故障，如主轴电动机不能启动或停止、工作台不能快速移动、主轴制动失灵等。如果出现这些问题，就需要通过分析电路的工作原理来查出故障点，然后排除故障。

4. 项目任务

通过对 X62W 型铣床电气线路中基本控制环节的分析、电路的安装与电气故障的排除，学会分析整台机床电气线路的工作原理，并能按照电路图安装接线，对电路中常见的故障进行分析排除。

 任务一　初步认识电气控制

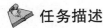 **任务描述**

继电接触器控制系统是由按钮、开关、继电器、接触器等电器元件组成的控制线路，能实现对电动机的启动、停止、点动、正/反转、制动等运行方式的控制，以及必要的保护，不同的生产机械，对电动机的控制要求不同，因此需要的电气控制系统也不同。

普通机床的电气控制一般是通过继电器 – 接触器控制系统来实现的。试操作 CA6140 型车床电气控制柜面板上的一些按钮，观察面板上的指示灯及控制柜内器件的运行情况，认识常用的电器元件及电气原理图，从而对电气控制有初步的认识。

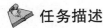 **任务分析**

本任务通过对 CA6140 型普通车床电气控制部分的操作，认识按钮、交流接触器、开关电器、熔断器、热继电器等常用低压电气元件及电气原理图，了解电气控制系统之间的关系，初步了解什么是电气控制。

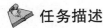 **任务目标**

◆ 了解机床电气控制系统的构成及其与机床的运动的关系；
◆ 了解继电器 – 接触器控制的特点及应用；
◆ 掌握常用低压电器元件的结构、工作原理、用途及使用方法；
◆ 正确识别常用低压电器，能根据实物写出各电器元件的文字和图形符号，找出电器元件的各种导电部位；
◆ 熟悉常用低压电器元件的型号规格，掌握其在控制电路中的选择方法；
◆ 掌握电气原理图、元件布置图和安装接线图的基本概念；
◆ 通过规范操作，建立安全文明生产意识。

一、基础知识

1. 继电器－接触器控制的组成与特点

在对电动机或其他执行器进行控制时，根据其控制方式的不同，电气控制系统可分为继电器－接触器控制系统、可编程逻辑控制器（PLC）控制系统和计算机控制系统。其中，继电器－接触器控制系统是最基本的控制方法，是其他控制方法的基础。

下面通过对 CA6140 型机床模拟电气柜的操作来了解继电器－接触器控制技术的基本原理。

1）CA6140 型车床模拟电气控制柜的操作与演示

CA6140 型普通车床的模拟电器柜的操作面板和柜内电气线路板如图 1-2 所示。

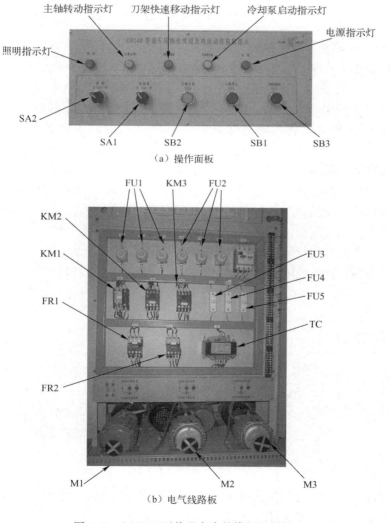

（a）操作面板

（b）电气线路板

图 1-2　CA6140 型普通车床的模拟电器柜

操作电器柜操作面板上的开关与按钮，观察电器柜内电器元件的动作和各电动机的动作及指示灯情况，见表1–1。

表 1–1　电器元件的动作情况

操　　作	现　　象
闭合开关 QF	电源指示灯 HL 亮
接通开关 SA1	照明灯 EL 亮
按下启动按钮 SB2	电器元件 KM1 动作，电动机 M1 转动
按下停止按钮 SB1	电器元件 KM1 复位，电动机 M1 停止
不按下按钮 SB2，仅接通开关 SA2	KM2 不动作，电动机 M2 不转动
按下启动按钮 SB2 后，接通开关 SA2	KM2 动作，电动机 M2 转动
按下 SB1	电动机 M1 停止，电动机 M2 也停止
按下按钮 SB3，然后松开	按下 SB3 时，电器元件 KM3 动作，电动机 M3 转动；松开 SB3 时，KM3 复位，电动机 M3 停止

2）继电器 – 接触器控制的组成与特点

由模拟电器柜的控制可以看出，继电接触器控制由 3 个基本组成部分，即输入、输出和逻辑控制部分。其中输入部分是指各种开关信息，如按钮、行程开关等；逻辑控制部分是按照电气控制的要求设计的，由若干接触器、继电器及触点通过实际接线构成的具有一定逻辑功能的控制电路；输出部分是指各种执行元件，如接触器、电磁阀、指示灯等。

对于简单控制功能的完成，继电接触器控制具有线路简单，维修方便，价格低廉，便于掌握等优点，因此，继电接触器控制系统得到了广泛应用。其缺点是电路由固定的接线组成，所以控制功能不能随意更改，功能少，通用性、灵活性差，对于控制要求比较多的电路，设备体积大，接线复杂，触点多，可靠性不高。

由于科学技术的不断发展，低压电器正向小型化、耐用方面发展，使继电接触器控制系统的性能不断提高，因此继电接触器控制系统在今后的电气控制技术中仍然占有比较重要的地位。

 边学边练

（1）常见的电气控制系统通常分为哪几类？

（2）继电器 – 接触器控制系统由几部分组成？

（3）CA6140 型车床控制系统中的输入部分是_____，输出部分是_____，逻辑控制部分是_____。

2. 常用的低压电器元件

控制电器按其工作电压的高低可划分为高压控制电器和低压控制电器两大类。低压电器是指工作在交流 1000V 或直流 1200V 以下电路中的电器。

低压电器是一种能根据外界的信号和要求手动或自动地接通、断开电路，以实现对电路或非电对象的切换、控制、保护、检测、变换和调节的元件或设备。

通常低压电器可以分为配电电器和控制电器两大类,是成套电气设备的基本组成元件。在工业、农业、交通、国防及用电部门中,大多数采用低压供电。

低压电器种类繁多,用途广泛,工作原理各不相同,常用低压电器的分类方法也很多。表 1-2 列出了常用低压电器的分类和用途。

表 1-2 常用低压电器的分类和用途

分类方法	名 称	常用的电器元件	用 途
按其用途和控制对象不同分类	低压配电电器	刀开关、组合开关、熔断器、自动开关等	主要用于配电系统中,实现电能的输送、分配及用电设备保护等
	低压控制电器	接触器、继电器、主令电器等	主要用于电气控制系统中,实现发布命令、控制系统状态及执行动作等
按其动作方式不同分类	自动电器	接触器、继电器等	用于依靠电器本身参数的变化而自动完成动作或状态变化的场合
	手动电器	按钮、刀开关等	用于依靠人工直接操作完成动作切换的场合

下面介绍 CA6140 型普通车床电器柜中涉及的低压电器元件。

1)开关电器

(1)刀开关

刀开关又称闸刀开关,是一种手动配电电器,主要用于手动接通与断开交/直流电路,也可用于不频繁地接通与分断额定电流以下的负载,如小型电动机、电阻炉等。刀开关的种类很多,按刀的级数分为单极、双极和三极;按灭弧装置分为带灭弧装置和不带灭弧装置;按刀的转换方向分为单掷和双掷;按有无熔断器分为带熔断器式刀开关和不带熔断器式刀开关等。

常用的刀开关类型有 HK 型开启式负荷开关、HH 型封闭式负荷开关,如图 1-3 所示。

HK 型开启式负荷开关俗称闸刀或胶壳刀开关,如图 1-3(a)所示,胶底瓷盖刀开关由熔丝、触刀、触点座和底座组成,此种刀开关装有熔丝,可起短路保护作用。由于它结构简单、价格便宜、使用维修方便,故得到广泛应用。该开关主要用作电气照明电路和电热电路、小容量电动机电路的不频繁控制开关,也可用作分支电路的配电开关。

HH 型封闭式负荷开关俗称铁壳开关,主要由钢板外壳、触刀开关、操作机构、熔断器等组成,如图 1-3(b)所示。刀开关带有灭弧装置,能够通断负荷电流,熔断器用于切断短路电流。一般用于小型电力排灌、电热器、电气照明线路的配电设备中,用于不频繁地接通与分断电路,也可以直接用于异步电动机的非频繁全压启动控制。

刀开关在安装时,手柄要向上,不得倒装或平装,以免由于重力自动下落而引起误动合闸。接线时,应将电源线接在上端,负载线接在下端,这样拉闸后刀开关的刀片与电源隔离,既便于更换熔丝,又可防止可能发生的意外事故。

(2)组合开关

转换开关又称组合开关,它利用动触片与静触片的接通与断开来实现被控电路的通断。图 1-4 为常见的组合开关。

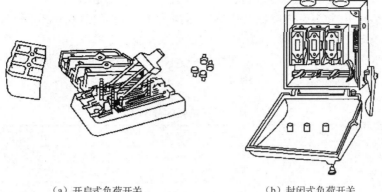

（a）开启式负荷开关　　　　　　　　　（b）封闭式负荷开关

图 1-3　刀开关

（a）HZ10D 系列组合开关　　　（b）HZ25D 系列组合开关　　　（c）HZ12A 系列组合开关

图 1-4　常见的组合开关

　　转换开关由动触点、静触点、转轴、手柄等组成，转动手柄，动触点随着转轴转动，相应的动触点与静触点接触或分离，从而使电路接通或断开。

　　转换开关也有单极、双极和多极之分，一般用于电气设备中作为非频繁接通或分断电路、转接电源或负载及控制小容量异步电动机的正/反转。机床电气控制线路中一般采用三极转换开关。

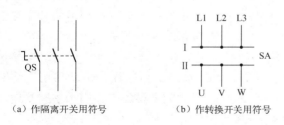

（a）作隔离开关用符号　　　（b）作转换开关用符号

图 1-5　转换开关图形与文字符号

　　根据转换开关在电路中的不同作用，其图形与文字符号有两种。当在电路中用作隔离开关时，其图形符号如图 1-5（a）所示，其文字标注符为 QS，有单极、双极和三极之分，机床电气控制线路中一般采用三极转换开关。图 1-5（b）是转换开关作换接电路开关使用时的图形符号，图示是一个三极组合开关，图中 I 与 II 分别表示组合开关手柄转动的两个操作位置，I 位置线上的三个空点右方画了三个黑点，表示当手柄转动到 I 位置时，L1、L2、L3 支路线分别与 U、V、W 支路线接通；而 II 位置线上三个空点右方没有相应黑点，表示当手柄转动到 II 位置时，L1、L2、L3 支路线与 U、V、W 支路线处于断开状态。转换开关安装时应使手柄旋转在水平位置为分断状态。

（3）自动开关

自动开关又称空气开关或空气断路器，既有手动开关作用，又能在电路发生严重过载、短路及失压等故障时，自动切断故障电路，有效地保护串联的电器设备。自动开关在电气控制线路中使用广泛。图 1-6 为常见的自动开关，图 1-7 为自动开关工作原理示意图及图形符号。

（a）微型断路器　　　　　　（b）配电控制用框架断路器　　　　（c）剩余电流动作断路器

图 1-6　常见的自动开关

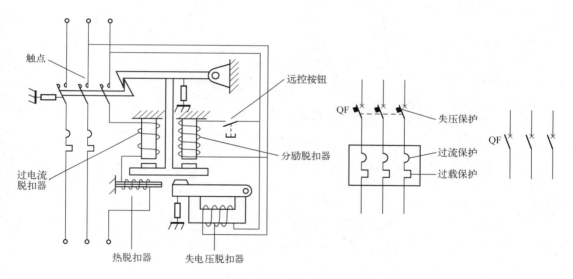

图 1-7　自动开关工作原理示意图及图形符号

自动开关主要由 3 个基本部分组成，即触点、灭弧系统和各种脱扣器，包括过电流脱扣器、失压（欠电压）脱扣器、热脱扣器、分励脱扣器和自由脱扣器。

热脱扣器用于线路的过负荷保护，由发热元件、双金属片组成，使用时将双金属片热元件接在主电路中，当过载到一定值时，由于温度过高，双金属片受热弯曲并带动自由脱扣机构，使断路器主触点断开，实现长期过载保护。热脱扣器的整定电流应与所控制电动机的额定电流一致。

失压（欠电压）脱扣器用于失压保护。失压脱扣器的线圈直接接在电源上，处于吸合状态，断路器可以正常合闸；当停电或电压很低时，失压脱扣器的吸力小于弹簧的反力，弹簧使动铁心向上，从而使挂钩脱扣，实现断路器的跳闸功能。电磁脱扣器的瞬时脱扣整定电流应大于负载电路正常工作时的峰值。

分励脱扣器用于远方跳闸，当在远方按下按钮时，分励脱扣器得电产生电磁力，使其脱扣跳闸。

断路器的额定电压和额定电流应不小于电路的正常工作电压和工作电流。

控制电动机时，电磁脱扣器的瞬时脱扣整定电流 I 可按下式计算：

$$I \geqslant K \cdot I_{ST}$$

式中，K 为安全系数，可取 $K = 1.7$；I_{ST} 为电动机的启动电流。

低压断路器的选择应从以下几方面考虑。

① 断路器的类型应根据使用场合和保护要求来选择，如一般选用塑壳式；短路电流很大时选用限流型；额定电流比较大或有选择性保护要求时选用框架式；控制和保护含有半导体器件的直流电路时应选用直流快速断路器等。

② 断路器额定电压、额定电流应大于或等于线路、设备的正常工作电压、工作电流。

③ 断路器极限通断能力大于或等于电路最大短路电流。

④ 欠电压脱扣器的额定电压等于线路的额定电压。

⑤ 过电流脱扣器的额定电流大于或等于线路的最大负载电流。

 边学边练

> （1）结合实物，练习各类刀开关的接线方法。
> （2）观察组合开关的主要结构组成。
> （3）低压断路器中的电磁脱扣器和热脱扣器各承担什么保护作用？

2）熔断器

熔断器在电路中主要起短路保护作用。熔断器的熔体串接于被保护电路中，当通过熔断器的电流大于规定值时，以其自身产生的热量使熔体熔断，从而自动切断电路。熔断器具有结构简单，体积小，质量轻，使用、维护方便，价格低廉，分断能力较强，限流能力良好等优点，因此在电路中得到广泛应用。常见的熔断器有瓷插式熔断器、螺旋式熔断器、RM10 型密封管式熔断器和 RT 型有填料密封管式熔断器等，如图 1–8 所示。

（a）螺旋式熔断器　　（b）小型插片熔断器　　（c）有填料密封管式熔断器　　（d）无填料快速熔断器

图 1–8　常见的熔断器

熔断器由熔体和安装熔体的绝缘底座（或称熔管）组成。熔体由易熔金属材料铅、锌、锡、铜、银及其合金制成丝状或片状，熔点约为 200 ~ 300℃。由铅锡合金和锌等低熔点金属制成的熔体因不易灭弧而多用于小电流电路；由铜、银等高熔点金属制成的熔体易于灭弧，多用于大电流电路。图 1–9 为熔断器结构示意图及符号。

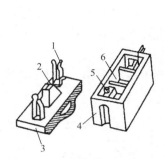
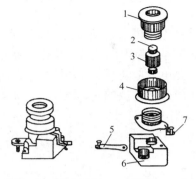

1—动触片；2—熔体；3—瓷盖；4—瓷底；
5—静触点；6—灭弧室
（a）瓷插式熔断器

1—瓷帽；2—小红点标志；3—熔断管；4—瓷套；
5—下接线端；6—瓷底座；7—上接线端
（b）螺旋式熔断器

（c）图形文字符号

图 1-9　熔断器结构示意图及符号

　　熔断器接入电路时，负载电流流过熔体，由于电流热效应而使温度上升，当电路正常工作时，其发热温度低于熔化温度，故长期不熔断。当电路发生严重过载或短路时，电流大于熔体允许的正常发热电流使熔体温度急剧上升，超过其熔点而熔断，分断电路，从而保护了电路和设备。

　　选用熔断器时应使熔断器的额定电压与保护电路的工作电压一致，熔体的额定电流应按以下几种情况分别考虑。

　　（1）在不会产生冲击电流的电路中（如照明电路），应使熔体的额定电流等于或稍大于线路的工作电流，即

$$I_R \geq I$$

式中　I_R——熔体额定电流；
　　　　I——线路工作电流。

　　（2）对于一台异步电动机，可按下式选择：

$$I_R = (1.5 \sim 2.5)I_{ed} \quad 或 \quad I_R = I_{st}/2.5$$

式中　I_{ed}——电动机额定电流（A）；
　　　　I_{st}——异步电动机的电流（A）。

　　（3）多台电动机由一个熔断器保护时，可按下式选择：

$$I_R \geq I_m/2.5$$

式中　I_m——可能出现的最大电流。

　　若所有电动机不同时启动，则 I_m 为容量最大一台电动机的启动电流加上其他电动机的额定电流。

 边学边练

　　（1）在实际生活中，你都在哪些地方见到过熔断器？起什么作用？外形有何特点？

　　（2）为什么熔断器不宜作过载保护，而主要用于短路保护？

　　（3）有两台电动机不同时启动，一台电动机的额定电流为 1.5A，另一台为 3.5A，启动电流为额定电流的 7 倍，熔体的额定电流应选多少？

3）交流接触器

接触器主要用于控制电动机、电热设备、电焊机、电容器组等，能频繁地接通或断开交/直流主电路，是一种大容量控制电路的自动切换电器。它具有低压释放保护功能，并且用于频繁操作和远距离控制，是电力拖动自动控制线路中使用最广泛的电器元件。

图 1-10 是几种常用的交流接触器，图 1-11 为交流接触器结构原理图，图 1-12 为交流接触器结构示意图及图形文字符号。

（a）CJX5系列　　（b）CJ20系列　　（c）CJX2系列

图 1-10　常用的交流接触器

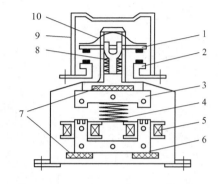

图 1-11　交流接触器结构原理图

1—动触桥；2—静触点；3—衔铁；4—缓冲弹簧；
5—电磁线圈；6—铁心；7—垫毡；8—触点弹簧；
9—灭弧罩；10—触点压力簧片

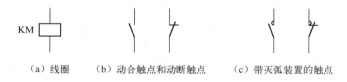
（a）线圈　　（b）动合触点和动断触点　　（c）带灭弧装置的触点

图 1-12　交流接触器结构示意图及图形文字符号

交流接触器由以下几部分组成。

（1）电磁系统。由电磁线圈、动铁心（衔铁），静铁心（铁心）等组成。其中动铁心与动触点支架相连。电源线圈通电时产生磁场，使动、静铁心磁化互相吸引，当动铁心被吸引向静铁心时，与动铁心相连的动触点也被拉向静触点，令其闭合接通电路。电磁线圈断电后，磁场消失，动铁心在复位弹簧的作用下，回到原位，牵动动、静触点，分断电路。电磁线圈分为电压线圈和电流线圈，电压线圈并联在电路中，电流线圈串联在电路中。

（2）触点系统。交流接触器的触点系统包括主触点和辅助触点。主触点用于通断主电路；辅助触点用于控制电器，起电气联锁或控制作用。

（3）灭弧装置。各种有触点电器都是通过触点的开、闭来通、断电路的，其触点在闭合和断开（包括熔体在熔断时）的瞬间都会在触点间隙中由电子流产生弧状的火花，称为电弧。容量在 10A 以上的接触器都有灭弧装置，对于小容量的接触器，常采用双断口桥形触点以利于灭弧；对于大容量的接触器，常采用纵缝灭弧罩及栅片灭弧结构。

（4）其他部件。交流接触器除上述三个主要部件外，还有外壳、传动机构、接线桩、复位弹簧、缓冲装置、触点压力弹簧等附件。常用的交流接触器有 CJ10 和 CJ12 系列。

接触器的技术参数如下。

（1）额定电压。接触器铭牌上的额定电压是指主触点的额定电压。交流有 127V，220V，380V，500V；直流有 110V，220V，440V。

（2）额定电流。接触器铭牌上的额定电流是指主触点的额定电流，有 5A，10A，20A，60A，100A，150A，250A，400A，600A。

（3）吸引线圈的额定电压。交流有 36V，110V，127V，220V，380V；直流有 24V，220V，440V。

（4）电气寿命和机械寿命（以万次表示）。

（5）额定操作频率。接触器的额定操作频率是指每小时允许的操作次数，一般为 300 次/h、600 次/h 和 1200 次/h。

（6）动作值。动作值是指接触器的吸合电压和释放电压。规定接触器的吸合电压大于线圈额定电压的 85% 时应可靠吸合，释放电压不高于线圈额定电压的 70%。

交流接触器的选用原则如下。

（1）根据接触器所控制的负载性质来选择接触器的类型。

（2）接触器的额定电压不得低于被控制电路的最高电压。

（3）接触器的额定电流应大于被控制电路的最大电流。对于电动机负载有下列经验公式：

$$I_C \geqslant \frac{P_N \times 10^3}{KU_N}$$

式中　I_C——接触器的额定电流；

　　　P_N——电动机的额定功率；

　　　U_N——电动机的额定电压；

　　　K——经验系数，一般取 1~1.4。

接触器在频繁启动、制动和正/反转的场合，一般其额定电流降一个等级来选用。

（4）电磁线圈的额定电压应与所接控制电路的电压相一致。

（5）接触器的触点数量和种类应满足主电路和控制电路的要求。

电动机工作特点与接触器的选择见表 1-3。

表 1-3　电动机工作特点与接触器的选择

电动机工作情况	电动机工作特点	典 型 案 例	接触器的选择
一般任务 （笼型或绕线型异步电动机）	笼型或绕线型异步电动机，工作频率不高，满载运行时断开，有少量点动	升降机、传送带、电梯、冲床、通风搅拌机等	通常选用 CJ10 系列接触器，额定电压或电流等于或稍大于电动机的额定电压和电流
重任务 （笼型或绕线型异步电动机）	平均操作频率在 100 次/h 以上，电动机工作于启动、点动、反接制动、反向和低速断开状态	升降设备、车床、钻床、铣床、磨床等	当电动机功率小于 20kW 时，选用 CJ10Z 系列重任务交流接触器，当电动机功率超过 20kW 时，应选用 CJ20 系列。对于大容量绕线型异步电动机，可选用 CJ12 系列
特重任务 （笼型或绕线型异步电动机）	操作频率在 1000~1200 次/h，甚至达 3000 次/h，电动机工作于频繁点动、反接制动、可逆运行	镗床、港口起重设备、印刷机等	在满足电寿命的前提下，可选用 CJ10Z 系列，控制容量较大时选用 CJ12 系列

边学边练

（1）交流接触器线圈得电时，其常开触点和常闭触点的动作顺序是_____。

（2）说出交流接触器的结构组成和各部分的作用。

（3）交流接触器有哪些部分需接到电路中？分别接到什么样的电路中？

4）控制继电器

控制继电器用于电路的逻辑控制，具有逻辑记忆功能，能组成复杂的逻辑控制电路，主要用于将某种电量（如电压、电流）或非电量（如温度、压力、转速、时间等）的变化量转换为开关量，以实现对电路的自动控制功能。

继电器的种类很多，按输入量可分为电压继电器、电流继电器、时间继电器、速度继电器、压力继电器等；按工作原理可分为电磁式继电器、感应式继电器、电动式继电器、电子式继电器等；按用途可分为控制继电器、保护继电器等。

（1）电磁式继电器

在控制电路中用的继电器大多数是电磁式继电器。电磁式继电器具有结构简单，价格低廉，使用维护方便，触点容量小（一般在 5A 以下），触点数量多且无主、辅之分，无灭弧装置，体积小，动作迅速、准确，控制灵敏、可靠等特点，广泛地应用于低压控制系统中。常用的电磁式继电器有电流继电器、电压继电器、中间继电器及各种小型通用继电器等。

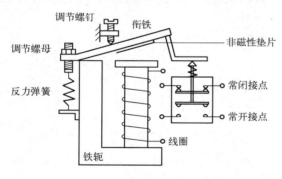

图 1-13 直流电磁式继电器结构示意图

电磁式继电器的结构和工作原理与接触器相似，主要由电磁机构和触点组成。电磁式继电器也有直流和交流两种。图 1-13 为直流电磁式继电器结构示意图，在线圈两端加上电压或通入电流产生电磁力，当电磁力大于弹簧反力时，吸动衔铁使常开常闭接点动作；当线圈的电压或电流下降或消失时，衔铁释放，接点复位。

（2）中间继电器

中间继电器是最常用的继电器之一，它的结构和接触器基本相同，如图 1-14（a）所示，其图形符号如图 1-14（b）所示。

中间继电器在控制电路中起逻辑变换和状态记忆的功能，以及用于扩展接点的容量和数量。另外，在控制电路中还可以调节各继电器、开关之间的动作时间，防止电路误动作的作用。中间继电器实质上是一种电压继电器，它是根据输入电压的有无而动作的，一般触点对数多，触点容量额定电流为 5～10A 左右。中间继电器体积小，动作灵敏度高，一般不用于直接控制电路的负荷，但当电路的负荷电流在 5～10A 以下时，也可代替接触器起控制负荷的作用。中间继电器的工作原理和接触器一样，触点较多，一般为四常开和四常闭触点。

常用的中间继电器型号有 JZ7、JZ14 等。图 1-15 为几种常见的中间继电器。

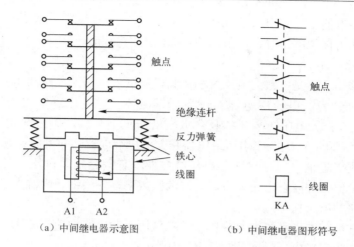

（a）中间继电器示意图　　　　　（b）中间继电器图形符号

图 1-14　中间继电器的结构示意图及图形符号

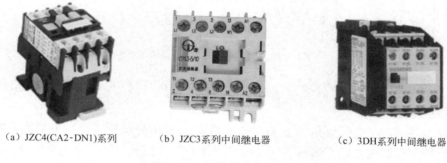

（a）JZC4(CA2-DN1)系列　　（b）JZC3系列中间继电器　　（c）3DH系列中间继电器

图 1-15　常见的中间继电器

（3）电流继电器和电压继电器

① 电流继电器

电流继电器的输入量是电流，它是根据输入电流大小而动作的继电器。电流继电器的线圈串入电路中，以反映电路电流的变化，其线圈匝数少、导线粗，阻抗小。电流继电器可分为欠电流继电器和过电流继电器。

欠电流继电器用于欠电流保护或控制，如直流电动机励磁绕组的弱磁保护、电磁吸盘中的欠电流保护、绕线式异步电动机启动时电阻的切换控制等。欠电流继电器的动作电流整定范围为线圈额定电流的 30% ~ 65%。需要注意的是，欠电流继电器在电路正常工作，电流正常不欠电流时处于吸合动作状态，常开触点处于闭合状态，常闭触点处于断开状态；当电路出现不正常现象或故障现象而导致电流下降或消失时，继电器中流过的电流小于释放电流而动作，所以欠电流继电器的动作电流为释放电流而不是吸合电流。

过电流继电器用于过电流保护或控制，如起重机电路中的过电流保护。过电流继电器在电路正常工作时流过正常工作电流，正常工作电流小于继电器所整定的动作电流，继电器不动作，当电流超过动作电流整定值时才动作。过电流继电器动作时其常开触点闭合，常闭触点断开。过电流继电器整定范围为（110% ~ 400%）额定电流，其中交流过电流继电器为（110% ~ 400%）I_N，直流过电流继电器为（70% ~ 300%）I_N。

常用的电流继电器型号有 JL12、JL15 等。

电流继电器作为保护电器时，其图形符号如图 1-16 所示。

② 电压继电器

电压继电器的输入量是电路的电压大小，其根据输入电压大小而动作。与电流继电器类似，电压继电器可分为欠电压继电器和过电压继电器。过电压继电器的动作电压范围为（105% ~120%）U_N；欠电压继电器的吸合电压动作范围为（20% ~50%）U_N，释放电压调整范围为（7% ~20%）U_N。零电压继电器是欠电压继电器的一种特殊形式，是当继电器的端电压降至 0 或接近消失时才动作的电压继电器。它们分别起过压、欠压、零压保护作用。电压继电器工作时并联在电路中，因此线圈匝数多，导线细，阻抗大，反映电路中电压的变化，用于电路的电压保护。

电压继电器常用在电力系统继电保护中，在低压控制电路中使用较少。

电压继电器作为保护电器时，其图形符号如图 1-17 所示。

（a）欠电流继电器　　　（b）过电流继电器　　　　　　（a）欠电压继电器　　　（b）过电压继电器

图 1-16　电流继电器的图形符号　　　　　　图 1-17　电压继电器的图形符号

（4）热继电器

热继电器主要用于电气设备（主要是电动机）的过负荷保护。热继电器是一种利用电流热效应原理工作的电器，它具有与电动机容许过载特性相近的反时限动作特性，主要与接触器配合使用，用于对三相异步电动机的过负荷和断相保护。

三相异步电动机在实际运行中常会遇到因电气或机械原因等引起的过电流（过载和断相）现象。如果过电流不严重，持续时间短，绕组不超过允许温升，这种过电流是允许的；如果过电流情况严重，持续时间较长，则会加快电动机绝缘老化，甚至烧毁电动机，因此，在电动机回路中应设置电动机保护装置。常用的电动机保护装置种类很多，使用最多、最普遍的是双金属片式热继电器。目前，双金属片式热继电器均为三相式，有带断相保护和不带断相保护两种。

图 1-18（a）所示是双金属片式热继电器的结构示意图，图 1-18（b）所示是其图形符号。由图可见，热继电器主要由双金属片、热元件、复位按钮、传动杆、拉簧、调节旋钮、复位螺钉、触点和接线端子等组成。

双金属片是一种将两种线膨胀系数不同的金属用机械碾压的方法使之形成一体的金属片。膨胀系数大的（如铁镍铬合金、铜合金或高铝合金等）称为主动层，膨胀系数小的（如铁镍类合金）称为被动层。由于两种线膨胀系数不同的金属紧密地贴合在一起，所以当产生热效应时，使得双金属片向膨胀系数小的一侧弯曲，由弯曲产生的位移带动触点动作。

热元件一般由铜镍合金、镍铬铁合金或铁铬铝等合金电阻材料制成。热元件串接于电动机的定子电路中，通过热元件的电流就是电动机的工作电流。当电动机正常运行时，其工作电流通过热元件产生的热量不足以使双金属片变形，热继电器不会动作。当电动机发生过电

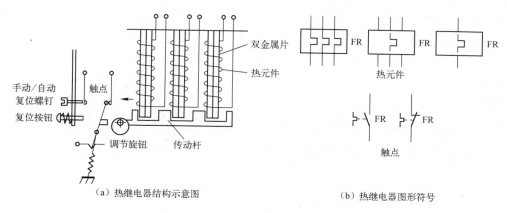

（a）热继电器结构示意图　　　　　　　　　（b）热继电器图形符号

图 1-18　热继电器结构示意图及图形符号

流且超过整定值时，双金属片的热量增大而发生弯曲，经过一定时间后使触点动作，通过控制电路切断电动机的工作电源。同时，热元件也因失电而逐渐降温，经过一段时间的冷却，双金属片恢复到原来的状态。

热继电器动作电流的调节是通过旋转调节旋钮来实现的。调节旋钮为一个偏心轮，旋转调节旋钮可以改变传动杆和动触点之间的传动距离，距离越长，动作电流越大，反之动作电流就越小。

热继电器的复位方式有自动复位和手动复位两种，将复位螺钉旋入使常开静触点向动触点靠近，从而动触点在闭合时处于不稳定状态，在双金属片冷却后动触点也返回为自动复位方式。如将复位螺钉旋出，触点不能自动复位为手动复位方式。在手动复位方式下，需在双金属片恢复状态时按下复位按钮才能使触点复位。

热继电器主要用于电动机的过载保护，使用中应考虑电动机的工作环境、启动情况、负载性质等因素，具体应按以下几方面原则来选择。

热继电器结构形式的选择：在一般情况下，可选用两相结构的热继电器；对于工作条件恶劣的电动机或电网电压不平衡时，可选用三相结构的热继电器；Y 形接法的电动机可选用两相或三相结构的热继电器，对 △形接线的电动机可选用带断相保护装置的热继电器。△形接线的电动机一相断线后，流过热继电器的线电流与流过电动机绕组的相电流的增加比例是不同的，其中最严重的一相比其余串联的两相绕组内的电流要大一倍，增加的比例也最大。

根据电动机的实际负载选用热继电器的整定电流（所谓整定电流是指当发热元件通过的电流值超过此值的 20％ 时，热继电器应在 20min 内动作），热继电器的整定电流一般为电动机额定电流的 1.05～1.1 倍。当电动机过载能力较差时，应使热继电器的整定电流为电动机额定电流的 0.6～0.8 倍。下列情况下选择热继电器时应使其整定电流比电动机的额定电流要大一些。

① 电动机负载惯性转矩非常大，启动时间长；

② 电动机所带动的设备不允许任意停电；

③ 电动机拖动的是冲击性负载，如冲床、剪床等设备。

对于重复短时工作的电动机（如起重机电动机），由于电动机不断重复升温，热继电器双金属片的温升跟不上电动机绕组的温升，电动机将得不到可靠的过载保护。因此，不宜选用双金属片热继电器，而应选用过电流继电器或能反映绕组实际温度的温度继电器来进行保护。

 边学边练

> （1）热继电器的发热元件和常闭触点应如何接到电路中？
> （2）电路中能否用熔断器来代替热继电器工作？

5）按钮

按钮是一种最常用的主令电器。主令电器用于控制电路中以开关触点的通断形式来发布控制命令，使控制电路执行对应的控制任务。主令电器应用广泛，种类繁多，常见的有按钮、行程开关、接近开关、万能转换开关、主令控制器、选择开关、足踏开关等。在此仅介绍控制按钮。

按钮一般适用于交流电压 500V 以下，直流电压 440V 以下，额定电流 5A 以下的线路中。按钮常用来短时间接通或断开小电流控制的电路。其机构简单，控制方便。按钮不直接控制主电路，在控制电路中发出手动控制信号。图 1-19 为常见的按钮。

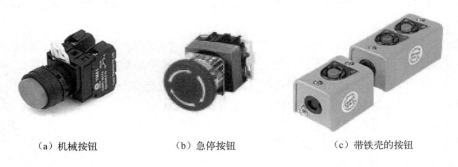

(a) 机械按钮　　　　　(b) 急停按钮　　　　　(c) 带铁壳的按钮

图 1-19　常见的按钮

按钮由按钮帽、复位弹簧、桥式触点和外壳等组成，额定电流在 5A 以下，触点又分常开触点（动合触点）和常闭触点（动断触点）两种。按钮的结构示意图及图形符号如图 1-20 所示，图 1-21 为急停按钮的图形符号。

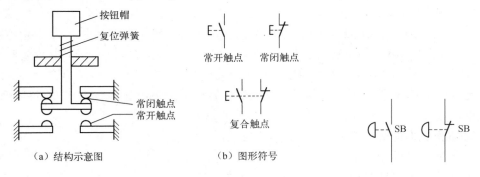

(a) 结构示意图　　　　　(b) 图形符号

图 1-20　按钮的结构示意图及图形符号　　　　　图 1-21　急停按钮的图形符号

按钮一般为复位式，也有自锁式按钮，最常用的按钮为复位式平按钮。

按钮按照结构形式可分为开启式（K）、保护式（H）、防水式（S）、防腐式（F）、紧急式（J）、钥匙式（Y）、旋钮式（X）和带指示灯（D）式等。为了标明各个按钮的作用，常将按钮帽做成不同颜色，以示区别，有红、绿、黑、黄、蓝、白等几种。红色按钮用于"停止"、"断电"或"事故"；绿色按钮优先用于"启动"或"通电"，但也允许选用黑、白或灰色按钮；一钮双用的"启动"与"停止"或"通电"与"断电"，即交替按压后改变功能的不能用红色按钮，也不能用绿色按钮，而应用黑、白或灰色按钮。

 边学边练

（1）电路中启动按钮和停止按钮分别应如何接线？

（2）按钮常开触点和常闭触点的动作顺序是怎样的？

3. 电气原理图

1）电气原理图的概念

电气原理图是用来表示电气线路工作原理及各电器元件之间相互作用和关系的图，它并不反映各电气元件的结构尺寸、实际安装位置和实际接线情况。电气原理图适用于分析研究电路的工作原理，且为其他电气图的依据，在设计部门和生产现场得到广泛应用。

2）电气原理图的组成

电气原理图一般由电源电路、主电路、控制电路和辅助电路等组成。

电源电路为后续电路提供电能，一般由电源开关和电源保护电器组成。

主电路包括从电源到电动机的动力电路，是大电流通过的部分，用粗实线画在原理图的左边。

控制电路是通过小电流的电路，一般由按钮、电器元件的线圈、接触器的辅助触点、继电器的触点等组成，用细实线画在原理图的右边。

辅助电路通过的电流也为小电流，由变压器、整流电源、照明灯和信号灯等低压电路组成。

3）绘制电气原理图应遵循的原则

（1）电气原理图中的所有电气元件都应采用国家标准中统一规定的图形符号和文字符号表示。

（2）电气原理图中电气元件的布局应根据便于阅读的原则安排。电源电路画成水平线，三相交流电源相序 L1、L2、L3 自上而下依次画出，中性线 N 和保护地线 PE 依次画在相线之下。直流电源的"＋"画在上边，"－"画在下边，电源开关要水平画出。主电路垂直于电源线画在图纸左侧，其他电路安排在图纸右侧。

（3）无论主电路还是辅助电路，均按元件的功能布置，尽可能按动作顺序从上到下，从左到右排列。同一功能的电器元件集中在一起，耗能元件接于下方的水平电源线，各种触点接在上方电源线和耗能元件之间。

（4）电气原理图中，当同一电气元件的不同部分（如线圈、触点）分散在不同位置时，为了表示是同一元件，要在电气元件的不同部件处标注统一的文字符号。对于几个同类器件，要在其文字符号后加数字序号，以示区别。

（5）电气原理图中，所有电气元件的触点部分均按没有通电或没有外力作用时的平常状态画出，如接触器、电磁式继电器等触点是线圈未通电时的状态；按钮、行程开关等触点是没有受到外力作用时的状态；开关电器触点按断开状态画出。当元件触点的图形符号垂直放置时，以"左开右闭"原则绘制，即垂直线左侧的触点为常开触点，右侧的为常闭触点；当图形符号水平放置时，以"上闭下开"原则绘制，即水平线上方的触点为常闭触点，下方的为常开触点。

（6）电气原理图中，应尽量减少线条和避免线条交叉。各导线之间交叉相连时，在导线交叉处画实心圆点，两导线交叉但不连接的交叉点不画实心圆点。

4. 电气设备安装布置图与电气接线图

电气控制系统图是表示电气控制系统中各电器元件及其连接关系的图。电气原理图是电气控制系统图中的一种，除电气原理图外，常用的电气控制系统图还包括电气设备布置图和电气接线图。

各种电气系统图由电动机、电气元件和电路组成，为了便于设计、分析、安装调试和维修，电气系统图中的图形符号和文字符号必须使用国家统一规定的最新标准来表示。国家标准局参照国际电工委员会（IEC）文件制定了电气设备的有关国家标准，如 GB/T4728—2005《电气图用图形符号》、T6988—1997《电气技术用文件的编制》和 GB7159—87《电气技术中的文字符号制定通则》。

1）电气设备安装布置图

电气设备安装布置图表示电气设备或元器件在机械设备和电器控制柜中的实际安装位置。各电气元件的安装位置是由机床的结构和工作要求决定的，拖动、执行、检测等器件应安装在生产机械的相应工作部位；控制按钮、操作开关、经常调节的电位器、指示灯、指示仪表等应安装在控制面板上；行程开关应放在能取得信号的位置；控制电器、保护电器等应安装在控制柜内。

如图 1-22 所示为电动机启保停电路接线板上的电气设备安装布置图。

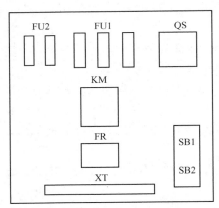

图 1-22　启保停电路的电气设备
安装布置图

2）电气接线图

电气接线图是根据电气原理图、电气设备安装布置图绘制的。电气接线图表示各电气设备和各元器件之间的实际接线情况。

绘制接线图时，应把各电器元件的各个部件（如触点和线圈）画在一起，文字符号、元件连接关系、线路编号等都必须与电气原理图一致，不在同一控制柜或操作台上的电器元件的电气连接必须通过端子排进行，各接线端子的编号应与电气原理图的导线编号一致。

电气设备安装图和电气接线图主要用于安装接线、线路检查维护及故障处理等。如图 1-23 所示为电动机启保停电路的电气接线图，图中画出了接线板、操作面板等之间的接线情况。

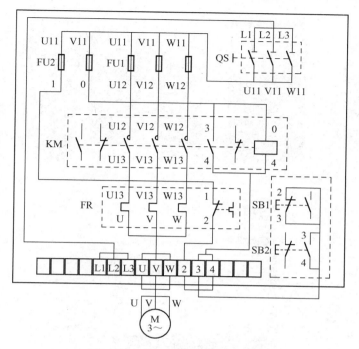

图 1-23　启保停电路的电气接线图

二、任务实施

1. 器材准备

- C6140 型车床实训考核模拟电器柜 1 台。
- 常用低压电器元件若干个。
- 常用电工工具 1 套。
- 万用表 1 只。

2. 实训内容

本次实训内容包括练习万用表的使用、认识电器元件、操作模拟电气控制柜。

1）万用表的使用

万用表可对许多电参量进行直接测量，以测量电压、电流、电阻三大参量为主。有些万用表还可以用来测量交流电流、电容、电感、电路通/断、电池电压及半导体三极管的穿透电流，以及直流电流的放大倍数等参数。

万用表种类繁多，根据其测量原理及测量结果的显示方式进行分类，一般可分为模拟式万用表和数字式万用表两大类。各种万用表的外形如图 1-24 所示。这里仅介绍最常用的MF47 型指针式模拟万用表的基本结构和使用方法。

MF47 型万用表外形小巧，质量轻，便于携带，设计制造精密，测量准确度高，价格偏低且使用寿命长，因此使用非常广泛。其面板结构如图 1-25 所示。

（a）指针式模拟万用表　　　　　（b）数字式万用表　　　　（c）指针式数字万用表

图 1-24　各种万用表的外形

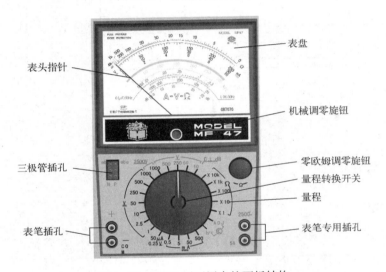

图 1-25　MF47 型万用表的面板结构

它共有 24 个挡位，由仪表面板上的转换开关转换，各挡作用及测量范围如下。

直流电流（mA）：500、50、5、0.5、50（μA）、5A。

电阻（Ω）：×1、×10、×100、×1k、×10k。

直流电压（V）：0.25、1、2.5、10、50、250、500、1000、2500。

交流电压（V）：2500、1000、500、100、10。

仪表面板下半部分右上角有零欧姆调准器，表笔四个插孔在最下方（其中"–"或"COM"插孔为黑表笔插孔，当测量普通电流、电压、电阻时红表笔插在"＋"内，当测量交流或直流电压量程为 2500V 时应插在 2500V 专用插孔内，当测量直流电流量程为 5A 时应插在 5A 专用插孔中）。仪表面板上半部分是表头，表盘有六条标度尺，表头指针调零旋钮在表头下方。

模拟式万用表的使用应按以下步骤进行：

机械调零→插孔选择→种类及量程的选择→测量过程→读出表盘上的指针指示数→指针指示值与实际值的换算。

（1）机械调零。将万用表平放，看表针是否指在零位上。若没有指在零位上，可调整表盘上的调零螺帽，使表针指准零位。

（2）插孔选择。红表笔插入标有"＋"的插孔中，黑表笔插入"－"或"COM"的插孔中。在测量直流电流和直流电压时，红表笔应接被测电路的正极，黑表笔接负极。若不清楚被测电路的正、负极，可用以下方法判别：

估计电流或电压值的大小并选择一个合理量程，把黑表笔接在被测电路的任一极，同时用红表笔在另一极上触碰一下，若表针正向偏转，则表明红表笔接的是正极，黑表笔接的是负极；若表针反偏，则相反。

（3）种类及量程的选择。所谓种类选择就是根据不同的被测量将转换开关旋至正确的位置，如测量电阻，把转换开关旋至标有"Ω"的区间。

合理选择量程的标准是：测量电压和电流时，应使表针偏转至满刻度的 1/2 或 2/3 以上，即一般选量程时，应尽量使电表指针有最大的偏转角度；测量电阻时，为了提高测量的准确度，应使指针尽可能接近标度尺的中心位置。

（4）测量过程。

对于电压、电流和电阻的测量方法分别见表 1-4。

表 1-4　基本参数的测量方法

测量的电量	万用表与电路的连接关系	测　量　方　法	备　　注
电压	万用表与被测电路并联	测直流电压时，红表笔接高电位，黑表笔接低电位；测交流电压时，红、黑表笔不分正负	如果误用直流电压挡去测交流电压，表针就会不动或略微抖动，如果误用交流电压挡去测直流电压，读数可能偏高，也可能为零（和万用表的接法有关）
电流	万用表串接在被测电路中	将红表笔接电流的流入方向，黑表笔接电流的流出方向，表头做出指示	测电流时，若电源内阻和负载电阻都很小，则应尽量选择较大的电流量程
电阻	万用表与被测电阻并联	测量前应先进行调零，即把两表笔短路，同时调节面板上的"欧姆调零旋钮"，使表针指在电阻刻度零点。每次变换电阻挡时应重新调零	测量时不要用双手捏住表笔的金属部分和被测电阻，否则会影响测量结果，尤其在测量大电阻值时影响更加明显。严禁在被测电路带电情况下测量电阻

为了测量时获得良好效果及防止由于使用不慎而使仪表损坏，仪表在使用时应注意：

- 仪表在测试时不能旋转开关旋钮；
- 当被测量不能确定其大约数值时，应将量程转换开关旋到最大限量的位置上，然后再选择适当的量限，使指针得到最大的偏转；
- 仪表在每次使用完毕后，最好将开关旋在"·"、"关"或交流电压最高挡，防止因误置开关旋钮位置时进行测量而使仪表损坏。

（5）读出表盘上的指针指示数。

读数时要看清楚所要读数的刻度线，并要了解每一小格所代表的值。为了减小误差，读数时一定要保证指针与表盘上镜面内的投影相重叠，也就是说人眼睛的视线要与表盘垂直。

（6）指针指示值与实际值的换算。

由于万用表是多用表，所以有时是多个参量共用同一个刻度线，这样实际测量值与指针指示值不可能都相等，所以就需要进行换算。其中：

电阻挡是倍率挡，　　　实际电阻值 = 所选量程 × 指针指示数

电压、电流挡是满刻度值挡，即指针指到满刻度时的值就是电压、电流的量程值，因此其换算关系为：

$$实际电压值 = \frac{所选量程的电压值}{满刻度值} \times 指针指示值$$

 边学边练

（1）一个电阻的阻值约为 $39k\Omega$，用哪一挡量程合适？若阻值为 82Ω、680Ω、$3.9k\Omega$ 呢？

（2）若测量某电压时，量程为 10V，满刻度值为 50V，指针指示在 40，实际电压值为多少？

（3）用万用表测量接触器线圈电阻、常开触点和常闭触点的阻值。

（4）用万用表测量实验室内电源插座上的电压。

2）CA6140 型车床模拟电气控制柜的操作

按表 1-1 所示操作电器柜操作面板上的开关与按钮，观察电器柜内电气元件的动作和各电动机的动作、指示灯情况。

3）认识电气元件

（1）观察各电气元件，分析各部分的作用。

（2）结合实物，练习各电气元件的正确接线。

4）识读电气原理图

识读 CA6140 型车床模拟电气控制柜的电气原理图，找出与电气元件符号对应的各实物元件。

3. 实训记录

（1）记录 CA6140 型车床模拟电气控制柜的操作过程和柜内电气元件工作时的现象，填表 1-5。

表 1-5　工作时的现象

操　作	现　象	
	接触器	电动机
接通开关 SA1		
按下启动按钮 SB2		
按下停止按钮 SB1		
按下启动按钮 SB2 后，接通开关 SA2		
不按下按钮 SB2，仅接通开关 SA2		
按下按钮 SB3，然后松开		

（2）记录各电气元件的相关参数，并填表 1–6 和表 1–7。

表 1–6　常见按钮的型号及工作参数

型　号	触点数量		额定电压	额定电流	颜　色

表 1–7　常见交流接触器的工作参数

型　号	主触点			辅助触点		线圈		额定操作频率
	额定电压（V）	额定电流（A）	对数	额定电流	对数	电压（V）	功率	

三、知识拓展——电气控制技术的产生与发展

电气控制技术是以各类电动机为动力的传动装置与系统为对象，以实现生产过程自动化的控制技术。电气控制系统是其中的主干部分，在国民经济各行业中均得到广泛应用，是实现工业生产自动化的重要技术手段。

科学技术的不断发展、生产工艺的不断改进，特别是计算机技术的应用，新型控制技术的出现，电气控制技术的面貌也在不断发生着变化。在控制方法上，从手动控制发展到自动控制；在控制功能上，从简单控制发展到智能化控制；在操作上，从笨重发展到信息化处理；在控制原理上，从单一的有触点硬接线继电器逻辑控制系统发展到以微处理器或微计算机为中心的网络化自动控制系统。现代电气控制技术综合应用了计算机技术、微电子技术、检测技术、自动控制技术、智能技术、通信技术、网络技术等先进的科学技术成果。

作为生产机械动力的电动机拖动，经历了漫长的发展过程。20 世纪初，电动机直接取代蒸汽机。开始是成组拖动，用一台电动机通过中间机构（天轴）实现能量分配与传递，拖动多台生产机械。这种拖动方式的电气控制线路简单，但结构复杂，能量损耗大，生产灵活性也差，不适应现代化生产的需要。20 世纪 20 年代，出现了单电动机拖动，即由一台电动机拖动一台生产机械。单电动机拖动相对成组拖动，机械设备结构简单，传动效率提高，灵活性增大，这种拖动方式在一些机床中至今仍在使用。随着生产的发展及自动化程度的提高，又出现了多台电动机分别拖动各运动机构的多电动机拖动方式，进一步简化了机械结

构，提高了传动效率，而且使机械的各运动部分能够选择最合理的运动速度，缩短了工时，也便于分别控制。

继电器 – 接触器控制系统至今仍是许多生产机械设备广泛采用的基本的电气控制形式，也是学习更先进电气控制系统的基础。它主要由继电器、接触器、按钮、行程开关等组成，由于其控制方式是断续的，故称为断续控制系统。它具有控制简单、方便实用、价格低廉、易于维护、抗干扰能力强等优点。但由于其接线方式固定，灵活性差，难以适应复杂和程序可变的控制对象的需要，且工作频率低，触点易损坏，可靠性差。

以软件手段实现各种控制功能、以微处理器为核心的可编程控制器（PLC，Programmable Logic Controller）是 20 世纪 60 年代诞生并开始发展起来的一种新型工业控制装置。它具有通用性强，可靠性高，能适应恶劣的工业环境，指令系统简单，编程简便易学，易于掌握，体积小，维修工作少，现场连接安装方便等一系列优点，正逐步取代传统的继电器控制系统，被广泛应用于冶金、采矿、建材、机械制造、石油、化工、汽车、电力、造纸、纺织、装卸、环保等各个行业的控制中。

在自动化领域，可编程控制器与 CAD/CAM、工业机器人并称为加工业自动化的三大支柱，其应用日益广泛。可编程控制器技术是以硬接线的继电器 – 接触器控制为基础，逐步发展为既有逻辑控制、计时、计数，又有运算、数据处理、模拟量调节、联网通信等功能的控制装置。它可通过数字量或者模拟量的输入、输出满足各种类型机械控制的需要。可编程控制器及有关外部设备，均按既易于与工业控制系统联成一个整体，又易于扩充其功能的原则设计。可编程控制器已成为生产机械设备中开关量控制的主要电气控制装置。

思考与练习

（1）继电器 – 接触器控制系统由几部分组成？

（2）继电器 – 接触器控制具有哪些优点和缺点？

（3）试述交流接触器的工作原理。

（4）简述热继电器的主要结构和作用。

（5）热继电器能否用于短路保护，为什么？

（6）观察低压断路器，填表 1–8 中低压断路器各部分的主要作用。

表 1–8　低压断路器的主要结构及作用

主要部件名称	作　用
过电流脱扣器	
热脱扣器	
失压（欠压）脱扣器	
分励脱扣器	
触点	

任务二　电动机长动控制电路的安装接线

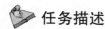 **任务描述**

在机床控制电路中，有的电动机启动时，按下启动按钮，电动机开始运行，当松开按钮后，电动机不停止而继续运行，如要使电动机停止，则需要按下停止按钮。电动机的这种控制方式属于长动控制方式，也称为连续运行控制方式。X62W 型铣床主轴电动机的控制方式就属于这类控制方式。

试根据图 1-26 所示的电气原理图，完成电动机长动控制电路的安装接线，并调试运行。

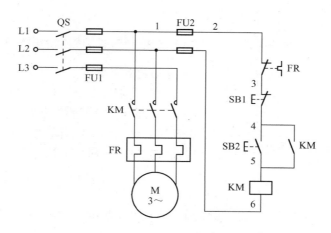

图 1-26　长动控制电气原理图

任务分析

上述电路中的电气元件主要有按钮、交流接触器、开关电器，以及电路的保护元件，如熔断器、热继电器等，这些电气元件在前面的任务中都已经讲述过，在此利用它们组成电动机长动控制电路，并学习线路安装调试的方法、步骤。

任务目标

- ◆ 掌握电动机点动、长动控制的概念和工作原理；
- ◆ 进一步认识交流接触器、热继电器、熔断器、开关、按钮等电器元件，熟悉其用途及工作原理，能根据控制要求正确选用及使用；
- ◆ 识读电气原理图，能按图安装接线；
- ◆ 能根据故障现象，分析排除简单线路的故障；
- ◆ 掌握电气控制线路的分析方法，培养分析电路的能力；
- ◆ 通过规范操作，建立劳动保护与安全文明生产意识。

一、基础知识

1. 点动与长动控制的概念

机床刀架的快速移动和机床主轴在调整时都需要电动机较短时间的转动。这种控制方式是按下按钮时电动机开始启动运行，松开按钮后电动机即断电停止运行，这种控制叫做点动控制。如 CA6140 型车床刀架快速移动电动机就是点动控制。

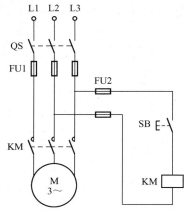

图 1-27　电动机点动控制的
电气原理图

在正常加工过程中，机床的主轴和工作台等都需要连续运动，即按下按钮时电动机启动运行，松开按钮后电动机仍然继续通电运行，这种控制方式叫做电动机的长动控制。如 CA6140 型车床的主轴电动机就是长动控制。

2. 点动控制与长动控制的电气原理图

1）点动控制电路

点动是指按下按钮时，电动机启动旋转，松开按钮后，电动机即断电停止运行的工作方式。如图 1-27 所示为电动机点动控制的电气原理图。

启动与停止电动机的方法如下。

（1）电动机的启动

首先闭合电源开关 QS，接通三相交流电源。

按下按钮 SB→控制电路中交流接触器 KM 的线圈通电→主电路上 KM 的动合触点闭合→电动机 M 与电源接通，电动机启动运行

（2）电动机的停止

松开按钮 SB→交流接触器 KM 的线圈断电→主电路上 KM 的三对动合触点断开→电动机 M 与电源脱离，电动机停止运行

2）长动控制电路

长动是指按下按钮时电动机启动运行，松开按钮后电动机仍然继续通电运行的工作方式。长动控制的电气原理图如图 1-26 所示，启动与停止电动机的方法如下。

（1）电动机的启动

首先闭合电源开关 QS，接通三相交流电源。

按下 SB2 ──→ KM 线圈得电 ──→ 主电路中 KM 主触点闭合 ──→ 电动机通电运行

　　　　　　　　　　　└→ KM 辅助动合触点(4~5)闭合 ──→ 松开 SB2 ─

──→ KM 动合触点(4~5)不断开 ──→ KM 线圈继续通电 ──→ 电动机继续运行

用接触器本身的动合触点使其线圈保持连续通电的环节，叫"自锁"。该动合辅助触点称为自锁触点。

（2）电动机的停止

按下停止按钮 SB1→KM 线圈断电→KM 主触点断开→电动机断电停止运行

电动机长动控制电路中具有零压保护、欠压保护、过载保护和短路保护等保护环节，具体见表 1-9。

表 1-9　长动控制电路中的保护环节

保护环节	保护元件	无保护时可能出现的故障	保护原理
零压保护	交流接触器 KM	电动机正在运行时，遇到电源突然停电，电路不能自动切断电动机电源，在供电恢复时电路会自行启动，很容易造成设备或人身事故	采用接触器 KM 自锁控制的电路，由于控制电路的自锁触点和主电路中的主触点在停电时已经断开，在供电恢复时，电路不会自行接通
欠压保护	交流接触器 KM	电动机运行过程中，若电源电压下降，通过电动机的电流就会增大，电压下降严重时，可能会烧坏电动机	当电源电压下降很多时（一般低于额定电压的 85% 以下），接触器 KM 的电磁吸力小于复位弹簧的反作用力，衔铁释放，主触点和自锁触点断开，电动机断电停止
过载保护	热继电器 FR	当电动机过载时，流过电动机定子绕组的电流较大，将导致绕组过热而烧毁	当电动机过载时，流过主电路中热继电器热元件的电流较大，控制电路中动断触点断开，使接触器 KM 的线圈断电，从而使电动机断电停止
短路保护	熔断器 FU1、FU2	若电路发生短路，会产生强大电流，可能使电源或电路受到损坏，或引起火灾	当主电路或控制电路有短路时，FU1 或 FU2 自动、迅速地熔断，切断故障电路

 边学边练

（1）自锁在电路中起什么作用？

（2）点动控制与长动控制有什么区别？

二、任务实施

1. 器材准备

◆ 交流接触器 1 个，按钮两个，熔断器两组，刀开关 1 个，热继电器 1 个。

◆ 三相交流异步电动机 1 台。

◆ 常用电工工具 1 套，万用表 1 只。

2. 电路的安装接线

根据如图 1-26 所示的电动机长动控制电气原理图选择电气元件，并安装接线及调试运行。

1）电动机的接线

电动机三相定子绕组可按Y形接法或△形接法进行接线。图 1–28 为电动机定子绕组接线图。

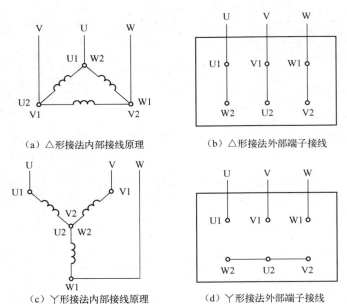

（a）△形接法内部接线原理　　　　（b）△形接法外部端子接线

（c）Y形接法内部接线原理　　　　（d）Y形接法外部端子接线

图 1–28　电动机定子绕组接线图

电动机△形接法时，电源从 U1、V1、W1 端子引入，U1、V1、W1 端子分别与 W2、U2、V2 端子相接；Y形接法时，电源由 U1、V1、W1 端子引入，U2、V2、W2 端子短接于一点上。

2）接线端子接线

接线端子是用于方便实现电气连接的一种配件产品，它实质上就是一段封在绝缘塑料里面的金属片，两端可接入导线，有螺钉用于紧固或者松开，如图 1–29 所示。如果两根导线有时需要连接，有时又需要断开，这时就可以用接线端子把它们连接起来，并且可以随时断开，而不必把它们焊接起来或者缠绕在一起，而且它很适合大量的导线互联。在将导线连接到接线端子上时，通常还需要接线插（俗称线鼻子），如图 1–30 所示，用于电线尽头处，套上它后可以更好地连接导线，并使导线方便、可靠地连接到接线端子或接线座上。

 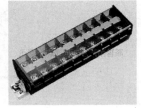  

图 1–29　接线端子排　　　　　　　　　　图 1–30　接线插

　　一般一个接线端子只连接一根导线，如果采用专门设计的接线端子，可以连接两根或多根导线，但导线的连接方式必须是工艺上成熟的方式。当有些端子不适合连接软导线时，可以在导线端头采用针形、叉形等冷压接线头。线端剥皮的长短要适当，不能损伤芯线，将剥好的线端套上线鼻子，压线时要压得可靠，不能松动，既不压线过长压到绝缘皮，又不露导体过多。现在，新型的接线端子技术水平很高，导线可以直接连接到接线端子的插孔中，接线更加方便、快捷。

　　3）安全规范与技术要求

　　操作时按以下规范安全操作：

- 穿戴好电工劳保用品；
- 工具及仪表使用要安全、正确；
- 严禁带电安装及接线；
- 经教师检查后，方可通电运行；
- 拆线时，必须先断开电源；
- 带电检修故障时，必须有指导教师在现场监护，并要确保用电安全。

　　安装接线的技术要求如下：

　　按图安装接线；

- 电气元件要选择正确，安装牢固；
- 布线要整齐、平直、合理；
- 导线绝缘层剥削要合适，导线无损伤；
- 接线时导线应不压绝缘层、不反圈、不露铜丝过长、不松动。

　　4）电路的安装与调试

　　按图 1-26 安装接线并调试电路。

　　（1）选择与检测电气元件。首先识读电气原理图，按电路图选择并检测所需的电气元件，记录各元件的型号、规格、数量。

　　对于不同的电气元件有不同的检测方法与内容：对于交流接触器与热继电器，检测时应在不通电的情况下，用万用表检查接触器线圈、热继电器的热元件是否完好，各触点的分断情况是否良好等，在电动机铭牌上查出额定电流值，调整热继电器的整定电流；对于电动机，要用摇表检测电动机的绝缘，并记下质量检测情况。

　　（2）按主、控电路图布置电气元件。电气元件在接线板上的安装工艺要求与布置原则如下：

　　① 利于安装配线。功能相似的元件组合在一起，外形尺寸或重量相近的元件组合在一起。

　　② 元件的安装位置要合理、整齐、匀称、间距适当，便于维修查线和更换器件。

　　③ 强电和弱电要分开。有必要时，把弱电部分屏蔽起来，防止外界干扰。

　　④ 考虑重量与元件发热。体积大、较重的元件安装在下面，发热量较大的元件安装在上面。

　　⑤ 尽可能降低导线数量和长度。将接线关系密切的元件按顺序组合在一起。

　　⑥ 接线板的进出线一般采用接线端子。

　　⑦ 元器件的安装紧固要松紧适度，保证既不松动，也不因过紧而损坏器件。

⑧ 刀开关在安装时，瓷底应与地面垂直，合闸后应手柄向上指，不得倒装或平装。电源端应在开关的上方，负荷端应在开关的下方，保证分闸后负载端不带电。组合开关安装时应使手柄旋转在水平位置为分断状态。

电动机长动控制电路的元件布置如图 1–31 所示。

（3）按主、控电路图配线。接线的一般顺序是先接主电路，再接控制电路。

主电路与控制电路接线完成后，盖上线槽盖（如图 1–32 所示），然后通过端子板与电动机连接。

图 1–31　电路的元件布置　　　　　　图 1–32　接线后的接线板

（4）整理现场。接线完毕后，注意清理工作台及接线板，以防线头、螺钉等小部件遗留在接线面板而造成短路等事故。

（5）通电前检查。在通电运行前，应对主电路及控制电路分别进行检测，一般采用万用表的电阻挡检测，重点检查是否短路。检查线路工作情况时，可在电路不通电的情况下，按下相应的按钮或接触器触点，测量各点的通断情况。若发现异常，则逐级检查元器件或导线，及时排除故障。

（6）同教师一起通电实验。在电路检查正确无误后，方可进行通电实验，启动电动机。通电时应由教师接通电源并现场监护，学生应正确操作，认真观察实验现象，与工作要求比较。

若出现故障，应对照电路图查找并排除故障，直至电路正常工作为止。如需带电检查，必须有教师在场监护。

（7）断电拆线。实验完成后，应先断开电源，然后拆除线路，并清理现场，做出实验记录表，把实验仪器及设备上交给指导教师。

 边学边练

　（1）若断开电路中与按钮 SB2 并联的 KM 动合触点，按下 SB2 然后松开，观察交流接触器和电动机的动作。

　（2）若按下启动按钮，电动机不转，可能的原因有哪些？怎样查出故障点？

3. 电路中的常见故障分析

电动机长动控制电路中，常见的故障见表 1-10。

表 1-10　电路中常见的故障

故障现象	原因	排除方法
接通电源或按下启动按钮时，熔体立即熔断	电路中有短路	仔细检查电路，看是主电路还是控制电路的故障，然后逐级检查，缩小故障范围
接触器不动作，电动机不能转动	可能是电源输入异常，也可能是控制电路有故障	若按下启动按钮，接触器不动作，说明接触器线圈没有通电，则先检查电源输入是否正常，若正常，则控制电路有故障。应先逐级检查控制电路部分，待控制电路故障排除后，接触器通电动作，再观察电动机是否运行
接触器动作，电动机不能转动	主电路有故障	若按下启动按钮，接触器动作，说明接触器线圈已通电，控制电路完好，应逐级检查主电路部分
电动机发出异常声音而不能转动或转速很慢	电动机缺相运行，主电路某一相电路开路	检查主电路是否存在线头松脱、接触器某对主触点损坏、熔断器的熔体熔断或电动机的接线有一相断开等
只能点动控制	接触器自锁失灵	检查自锁电路中接触器 KM 的自锁触点及接线情况
接通电源时，没有按下按钮而电动机自行启动	启动按钮被短接	检查控制电路中启动按钮 SB2 的触点及接线
电动机不能停止	可能是接触器的主触点烧焊，也可能是停止按钮被卡住不能断开或被短接	检查接触器和停止按钮的触点及接线

4. 实训记录

（1）描述电动机正常工作时的现象，并填表 1-11。

表 1-11　电动机工作时的现象

操　作	现　象	
	接触器 KM	电动机 M
按下启动按钮 SB2		
松开按钮 SB2		
按下停止按钮 SB1		

（2）记录在实验过程中出现的线路故障，说出正确的处理方法，并填表 1-12。

表 1-12　电路中出现的故障

故 障 现 象	故 障 原 因	排 除 方 法

三、知识拓展

1. 既能长动又能点动的电路

在实际应用电路中，有时除了要求电动机能长期工作外，还需要能点动调整进行短期工作。既能长动又能点动控制的电路如图 1-33 所示，图 1-33（a）、（b）、（c）分别是用按钮、开关和中间继电器实现长动和点动的电路。

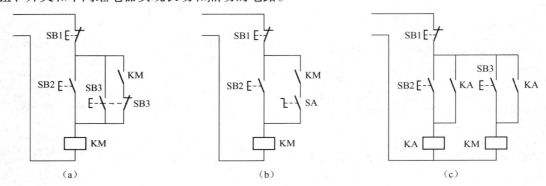

图 1-33　既能长动又能点动的控制电路

1）按钮实现长动和点动

如图 1-33（a）所示，操作 SB2 实现长动控制，操作 SB3 实现点动控制。

2）开关实现长动和点动

如图 1-33（b）所示，当开关 SA 闭合时，自锁触点起作用，为长动控制；当开关 SA 断开时，自锁电路断开，成为点动控制。

3）中间继电器实现长动和点动

如图 1-33（c）所示，操作 SB2，KA 线圈通电自锁，实现长动控制；操作 SB3，KA 线圈不通电，KM 线圈无自锁，只能实现点动控制。

2. 多地点控制电路

X62W 型铣床的主轴电动机在启动和停止时可以分别在两处操作启动按钮和停止按钮，使用非常方便，实现了两地控制。在许多大型机床中，为操作方便，常需要在多处能对电动机进行控制，叫做多地点控制。

图 1-34 所示为两地控制电路，可以在甲、乙两地实现对电动机进行启停控制。按钮 SB11 和 SB12 安装在甲地，按钮 SB21 和 SB22 安装在乙地，接线方法是两地的启动按钮相并联，停止按钮相串联。

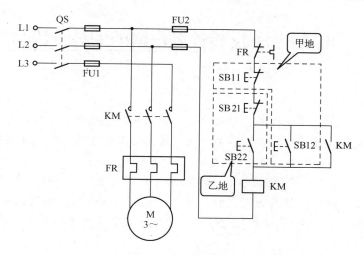

图 1-34　两地控制电路

 边学边练

　　为方便操作，在某大型机床床身的三处分别设置启动与停止按钮，工作时可根据需要按下临近的按钮，实现电动机启停的三地控制，试画出其电气原理图。

思考与练习

　　（1）图 1-35 所示的控制电路各有什么错误？通电时会出现什么现象？

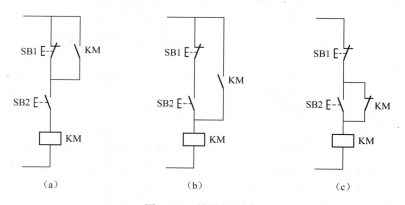

图 1-35　错误的电路

　　（2）在图 1-26 所示长动控制电路中，若主电路有一相熔体已熔断，会发生什么现象？若控制电路有一相熔体已熔断，又会发生什么现象？

任务三　电动机正/反转控制电路的安装接线与故障排除

任务描述

旋转 X62W 型铣床的顺铣和逆铣转换开关，铣床主轴就能改变旋转方向；改变工作台纵向或横向移动手柄的位置，工作台的移动方向也可以向相反方向运动。这些功能是通过电动机正/反转控制电路实现的。

如图 1-36 所示为正/反转控制电路。正常工作时，按下按钮 SB1，电动机 M 正方向运转，按下按钮 SB2，电动机 M 反方向运转，按下停止按钮 SB3 时，电动机 M 断电停止运行。试分析电气原理图，完成正/反转控制电路的安装接线及有关故障的分析和排除。

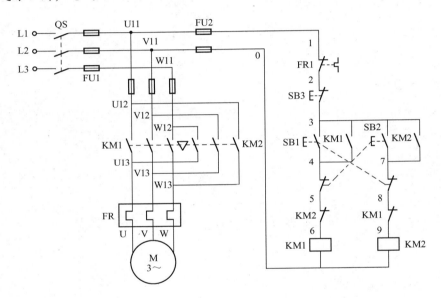

图 1-36　按钮、接触器双重互锁的正/反转电路

任务分析

上述电路中的电气元件主要有按钮、交流接触器、熔断器和热继电器等，前面已经介绍过利用这些电气元件控制电动机的启动与停止，本次任务要完成对电动机进行正/反转的控制，并能根据故障现象，分析、排除故障。

任务目标

◆ 掌握电动机顺序启停控制的基本概念；

◆ 识读电气原理图，正确使用电气元件，能按图安装接线；

◆ 掌握电气控制线路的分析方法，能根据故障现象，分析、排除故障；

◆ 培养分析电路的能力，为学习其他电气控制环节打下基础；

◆ 通过规范操作，建立劳动保护与安全文明生产意识。

一、基础知识

1. 电动机正/反转的原理

正/反转控制电路是指采用某一种方式实现电动机转向正反调换的控制。由电动机转动的原理可知，使通入三相异步电动机定子绕组的三相电源任意互换其中的两相，此电动机即可实现转向的改变。

三相异步电动机的正/反转控制电路有许多类型，常见的有倒顺开关控制电路、接触器互锁正/反转控制电路、按钮互锁正/反转控制电路、接触器按钮互锁正/反转控制电路等。

2. 电动机正/反转的电气原理图

1）由主电路实现的正/反转控制电路

通过倒顺开关改变电动机定子绕组的电源相序来实现电动机的正/反转控制，倒顺开关实现的正/反转控制电路如图 1-37 所示。

倒顺开关是这样来实现对电动机进行正/反转控制的：

倒顺开关在"停"的位置→刀开关 QS 的动触点与静触点分离→电路断开，电动机不转；

开关手柄扳至"顺"位置→QS 的动触点与左边的静触点相接触→电路按 L1 – U、L2 – V、L3 – W 接通（输入电动机定子绕组的电源相序为 L1 – L2 – L3）→电动机正转；

开关手柄扳至"倒"位置→QS 的动触点与右边的静触点相接触→电路按 L1 – W、L2 – V、L3 – U 接通（输入电动机定子绕组的电源相序为 L3 – L2 – L1）→电动机反转。

但需要注意的一点是，当电动机正转时，要使它反转，应先把手柄扳到"停"位置，使电动机先停止，然后再把手柄扳到"倒"位置，再使它反转。如果直接从"顺"位置扳到"倒"位置，会产生很大的反接电流，易使电动机定子绕组损坏。

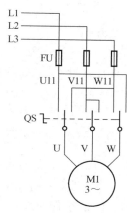

图 1-37   倒顺开关实现的
正/反转控制电路

2）由控制电路实现的正/反转控制电路

（1）基本正/反转电路

如图 1-38 所示，电路中采用了两个接触器，即正转用的交流接触器 KM1 和反转用的交流接触器 KM2，用 KM1 和 KM2 的主触点来实现电源相序的改变，从而实现电动机的正/反转。

正转电路的工作原理：

按下按钮 SB1→交流接触器 KM1 线圈通电→KM1 主触点闭合→电动机正转。

反转的工作原理：

按下按钮 SB2→交流接触器 KM2 线圈通电→KM2 主触点闭合→电动机反转。

电动机由正转切换为反转时，必须先按停止按钮 SB3，使电动机断电停止，才能按 SB2

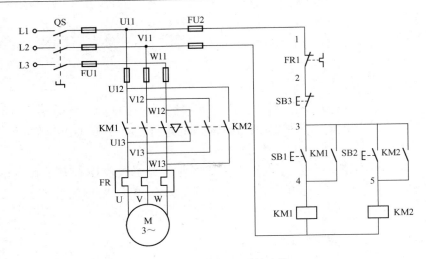

图 1–38 基本正/反转电路

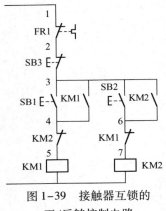

图 1–39 接触器互锁的
正/反转控制电路

使其反转。若电动机已经正转后，又同时按下反转按钮
SB3，由于交流接触器 KM1、KM2 同时通电，其主触点同时
闭合，将造成电源两相短路。

（2）接触器互锁的正/反转控制电路

如图 1–39 所示，为了避免接触器 KM1 和 KM2 同时通
电动作（造成短路事故），在正/反转控制电路中分别串接了
对方接触器的一个常闭辅助触点。这样，当一个接触器得电
动作时，其常闭辅助触点断开，使另一个接触器不能得电动
作。接触器间的这种相互制约关系叫做接触器互锁（或联
锁），用"▽"符号表示。实现互锁作用的常闭辅助触点叫
做互锁触点。

正转的工作原理：

按下SB1 → KM1线圈得电 →
$\begin{cases} \text{KM1自锁触点闭合,自锁} \\ \text{KM1主触点闭合} \\ \text{KM1联锁触点分断, 对KM2互锁} \end{cases}$
→ 电动机M连续正转

反转的工作原理：

按下SB3 → KM1线圈失电 →
$\begin{cases} \text{KM1自锁触点分断自锁} \\ \text{KM1主触点断开} \\ \text{KM1联锁触点恢复闭合, 解除对KM2的互锁} \end{cases}$
→ 电动机M失电停转

再按下SB2 → KM2线圈得电 →
$\begin{cases} \text{KM2自锁触点闭合, 形成自锁} \\ \text{KM2主触点闭合} \\ \text{KM2联锁触点分断, 对KM1互锁} \end{cases}$
→ 电动机M连续反转

无论正转电路还是反转电路，停止时的动作原理是：

按下 SB3→控制电路失电→KM1（或 KM2）主触点分断→电动机 M 失电停转

从以上电路分析可知，接触器互锁正/反转控制电路的优点是安全可靠性提高，缺点是操作不便。电动机从正转变为反转时，必须先按下停止按钮后，才能按反转启动按钮，否则由于接触器的互锁作用，虽然保证了不会发生短路事故，但电动机仍然不能实现直接反转。

（3）按钮与接触器双重互锁的正/反转控制电路

为克服接触器互锁正/反转控制电路操作不便的缺点，把正转按钮 SB1 和反转按钮 SB2 换成两个复合按钮，这样，在接触器互锁的基础上，又加入了按钮互锁，构成了按钮、接触器双重互锁的正/反转控制电路，如图 1-36 所示。此电路整合了两种互锁正/反转控制电路的优点，可直接进行正/反转切换，操作方便，安全可靠性高。

正转的工作原理：

按下SB1 → {
SB1常闭触点先分断，对KM2互锁(切断反转控制电路)
SB1常开触点后闭合 → KM1线圈得电 ——
}

→ {
KM1自锁触点闭合，自锁
KM1主触点闭合
KM1互锁触点分断，对KM2互锁
} → 电动机M连续正转

反转的工作原理：

按下SB2 → {
SB2常闭触点先分断，对KM1互锁(切断正转控制电路)
SB2常开触点后闭合 → KM2线圈得电 →
}

→ {
KM2自锁触点闭合，自锁
KM2主触点闭合
KM2互锁触点分断，对KM1互锁
} → 电动机M连续反转

无论是正转电路还是反转电路，停止时的动作原理是：

按下 SB3→控制电路失电→KM1（或 KM2）主触点分断→电动机 M 失电停转

 边学边练

（1）什么是互锁，互锁有什么作用？
（2）按钮与接触器双重互锁的正/反转控制电路有什么优点？

二、任务实施

1. 器材准备

◆ 交流接触器两个，按钮 3 个，熔断器两组，刀开关 1 个，热继电器 1 个。
◆ 三相交流异步电动机 1 台。

◆ 常用电工工具 1 套，万用表 1 只。

◆ 导线若干。

2. 电路的安装接线

根据如图 1-36 所示电动机正/反转控制电路的电气原理图选择电路元器件，并安装接线及调试运行。

1）电路元器件的识别与检测

识读电气原理图 1-36，按电路图选择并检测所需的元器件，按照元器件记录表记录各元器件的型号、规格、作用等内容，见表 1-13。

表 1-13   电路元器件记录表

元器件名称	电气符号	型 号	额定电压	额定电流	主 要 作 用	检 测 情 况
刀开关						
熔断器						
按钮						
交流接触器						
热继电器						
按钮						
三相交流电动机						

2）按步骤安装接线

（1）按电路图选择元器件并固定在网孔板上；

（2）按原理图接线；

（3）整理现场；

（4）通电前检查；

（5）通电试车；

（6）断电拆线。

3）实训记录

通电试车成功后，根据实际情况描述工作时的现象，填表 1-14。

表 1-14   工作时的现象

操 作	现 象		
	KM1	KM2	M
按下按钮 SB1			
松开按钮 SB1			
按下按钮 SB2			
松开按钮 SB2			
按下按钮 SB3			

3. 电路的常见故障分析与排除

1）电路的常见故障分析

电动机正/反转控制电路中常见的故障及分析排除方法见表 1-15。

表 1-15　电路中常见的故障

故 障 现 象	原　　　因	排 除 方 法
接通电源或按下启动按钮时，熔体立刻熔断	电路中有短路	检查主电路或者控制电路是否短路，然后逐级检查，缩小故障范围
接触器不动作，电动机不能转动	电源故障； 与接触器线圈串联的控制电路有故障	先检查电源输入是否正常，若正常，则控制电路有故障，应先逐级检查控制电路部分，待控制电路故障排除后，接触器通电动作，再观察电动机是否运行
接触器动作，电动机不能转动	主电路有故障； 电动机有故障	接触器线圈已通电，说明控制电路完好，应逐级检查主电路部分。当然，也不排除电动机有故障的可能
电动机发出异常声音而不能转动或转速很慢	主电路某一相电路开路，造成电动机缺相运行	检查主电路线头是否松脱、接触器某对主触点是否损坏、熔断器的熔体是否熔断或电动机的接线是否有一相断开等
只能点动控制	电路自锁环节失效	检查控制电路中接触器 KM 的自锁触点及接线情况
接通电源时，没有按下按钮而电动机自行启动	启动按钮被短接	检查控制电路中启动按钮的触点及接线
电动机不能停止	接触器的主触点烧焊； 停止按钮不能断开； 停止按钮被短接	检查接触器和停止按钮的触点及接线
电动机只能单方向转动	没有互换三相交流电源中任意两项的相序； 互换相序线路连接不正确	检查两个交流接触器的主触点，看是否调换主电路相序接线的位置；检查相序调换是否正确

2）故障设置与检修

（1）熟悉正常电路的工作情况。

（2）教师设置故障。

（3）教师进行示范检修。

① 用试验法来观察故障现象。

注意观察电动机的运行情况、接触器的动作情况和线路的工作情况等，如发现有异常，马上切断检查。

② 逐级检查电路，用逻辑分析法缩小故障范围，并在电路图上用虚线标出故障部位的最小范围。

③ 用测量法正确、迅速地找出故障点。

④ 根据不同的故障情况，采取正确的检修方法，迅速排除故障。

⑤ 排除故障后通电试车。

（4）学生检修。

教师根据学生情况，在主电路和控制电路分别设置 1~2 个故障，让学生根据电路工作时的故障，从原理上分析可能的故障原因，列出可能的故障点，逐步测试、查找并排除故障。在检修过程中，教师可给予启发性的指导。

3）注意事项

（1）要认真听取和仔细观察教师在示范中的讲解和检修操作。

（2）要熟练掌握电路原理和电路图中各环节的作用。

（3）在排除故障过程中，分析的思路和方法要正确。

（4）工具及仪表使用要安全、正确。

（5）学生带电检修故障时，必须有指导教师在现场监护，并要确保用电安全。

（6）学生检修必须在规定时间内完成。

4）实训记录

根据所设置的电路故障现象，进行具体分析，完成表 1–16。

表 1–16　电路故障分析

故 障 现 象	故 障 原 因	怎样排除故障

 边学边练

（1）图 1–36 中，如果先按下按钮 SB2，会有什么现象发生？为什么？

（2）如果电动机不能反方向运转，说明可能的原因。

三、知识拓展——自动往复循环控制电路

在实际生产中，有些机械设备（如平面磨床、车床等）要求工作台能实现在一定的行程内自动往复运动，以方便实现对工件的连续加工，从而提高生产效率，因此就要求电气控制电路能对电动机实现自动转换正/反转控制。用行程开关控制的自动往复循环控制电路就可实现这种功能。

1）行程开关（图 1–40）

行程开关能够依据生产机械的行程发布命令，以控制其运动方向和行程长短。若将行程开关安装于生产机械行程的终点用以限制其行程，则称为限位开关或终端开关。

行程开关按接触的性质可分为有触点式和无触点式。有触点式行程开关按运动形式可分为直动式、微动式、滚轮式（旋转式）；无触点式行程开关又称为接近开关。

(a) 用于控制工作台加　　　(b) LX19系列行程开关　　(c) 微动开关　　(d) 高精度组合行程开关
　工区域的行程开关

图 1-40　常见的行程开关

　　直动式行程开关的动作原理与控制按钮相同，如图 1-41 所示，它的缺点是触点分合速度取决于生产机械的移动速度，当移动速度低于 0.4m/min 时，触点分断太慢，易受电弧烧蚀。为此应采用盘形弹簧瞬时动作的滚轮式行程开关。

　　微动开关是具有瞬时动作和微小行程的灵敏开关。图 1-42 是其结构示意图。当开关推杆 4 在机械作用压下时，弹簧片 5 产生变形，储存能量并产生位移，当达到临界点时，弹簧片连同桥式动触点 2 瞬时动作。当失去外力后，推杆在弹簧片作用下迅速复位，触点恢复原来状态。由于采用瞬时结构，触点的换接速度不受推杆压下速度的影响。

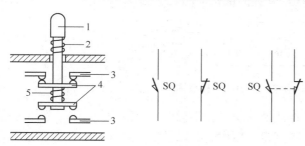
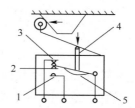

图 1-41　直动式行程开关结构示意图及图形符号　　　　图 1-42　微动开关原理图及符号
1—顶杆；2—复位弹簧；3—静触点；4—动触点；5—触点弹簧　　1—常开静触点；2—动触点；3—常闭静
　　　　　　　　　　　　　　　　　　　　　　　　　　　　触点；4—推杆；5—弹簧片

　　目前国内生产的行程开关有 LXK3、3SE3、LX19、LXW 和 LX 等系列。常用的行程开关有 LX19 、LXW5、LXK3、LX32 和 LX33 等系列。

　　行程开关的选用原则如下。

　　① 根据应用场合及控制对象选择；

　　② 根据安装环境选择防护形式，如开启式或保护式；

　　③ 根据控制回路的电压和电流选择；

　　④ 根据机械与行程开关的传动力与位移关系选择合适的头部形式。

　　接近开关是一种不需要与运动部件进行机械接触就可以操作的电子电器，当机械运动部件运动到接近开关一定距离时，它就能发生动作信号，用于行程控制和限位保护，还可用于测速、零件尺寸检测、加工程序的自动衔接等。它既有行程开关、微动开关的特性，同时又具有传感性能，动作可靠、性能稳定、频率响应快、使用寿命长、抗干扰能力强，并具有防水、防震、耐腐蚀等特点。

图 1-43 所示为几种常见的国产接近开关和接近开关的图形文字符号。

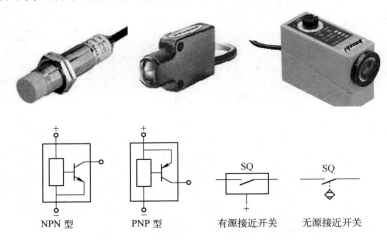

图 1-43　常见的接近开关及其图形文字符号

无触点行程开关分为有源型和无源型两种，多数无触点行程开关为有源型，主要包括检测元件、放大电路、输出驱动电路 3 部分，一般采用 5 ~ 24V 的直流电源，或 220V 的交流电源等。如图 1-44 所示为三线式有源型接近开关的结构框图。

图 1-44　有源型接近开关的结构框图

由于接近开关具有非接触式触发、动作速度快、可在不同的检测距离内动作、发出的信号稳定无脉动、工作稳定可靠、寿命长、重复定位精度高，以及能适应恶劣的工作环境等特点，所以在机床、纺织、印刷、塑料等工业生产中应用广泛。

接近开关的选用原则如下。

① 按工作频率、可靠性及精度要求选择；

② 按检测距离、安装尺寸选择；

③ 按输出要求的触点形式（有触点、无触点）、触点数量、输出形式选择；

④ 按所使用的电源类型（交流、直流）和电压等级选择。

2）自动往复循环控制电路

如图 1-45 所示为某设备工作台示意图，要求能实现左右自动往复循环运动，并带有极限位置保护。

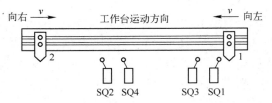

图 1-45　实现自动往复循环运动的工作台示意图

　　如图 1-45 所示，在工作台上的限位位置安装了四个开关 SQ1、SQ2、SQ3、SQ4，实现电动机的正/反转控制与工作台的运动相互配合。其中，SQ1、SQ2 用来控制电动机的正/反转，实现工作台的自动往复行程控制；SQ3、SQ4 用来作极限位置保护，以防止 SQ1、SQ2 失灵，工作台越过限位位置而造成事故。

　　在工作台中挡铁 1 只能与 SQ1、SQ3 相碰撞，挡铁 2 只能与 SQ2、SQ4 相碰撞。当工作台运动到所限位置时，挡铁碰撞位置开关使其触点动作，自动换接电动机正/反转控制电路，通过机械传动机构使工作台自动往复运动。

　　图 1-46 是由行程开关控制的自动往复循环运动控制电路。

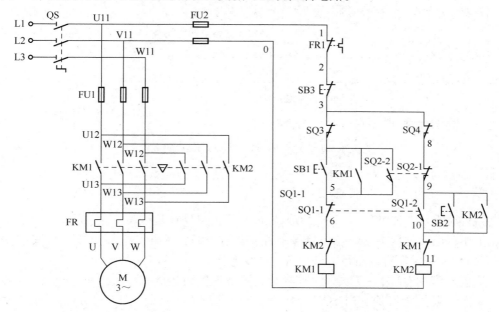

图 1-46　自动往复循环运动控制电路

自动往复循环线路的工作原理：

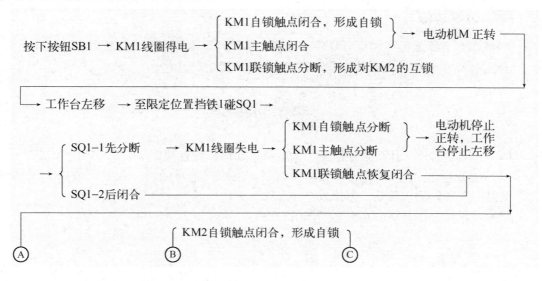

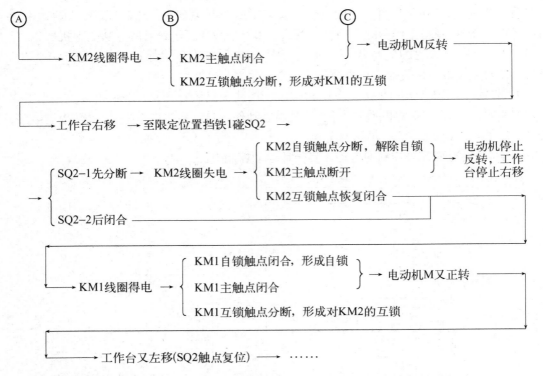

电路自动重复上述过程，工作台在限定的行程内自动往复运动。

在工作台运动过程中的任意位置按下停止按钮 SB3，工作台立即停止，再按下 SB1 或 SB2，工作台又开始左行或右行，进行自动往复循环。

为防止 SQ1、SQ2 万一失灵，工作台越过限位位置而造成事故，特用 SQ3、SQ4 两个行程开关来作极限位置保护。当 SQ1、SQ2 两个行程开关失灵时，工作台越过 SQ1、SQ2 位置，触碰行程开关 SQ3、SQ4，使其串联在电动机正/反转控制电路中的常闭触点动作，造成 KM1 或 KM2 线圈失电，切断电动机正/反转电路，使工作台停止运动。

 边学边练

> （1）在自动往复循环控制电路中，若 SQ1 的常开触点损坏，将会发生什么现象？
> （2）行程开关控制的电路与一般按钮控制相比具有什么优点？

思考与练习

（1）什么是自锁？什么是互锁？什么是双重互锁？各有什么作用？

（2）在图 1−36 中，按下正转启动按钮后，电动机正常运行，若很轻地按一下反转按钮，电路中会发生什么现象？为什么？

（3）行程开关在电路中具有哪些作用？

任务四　电动机顺序启停控制电路的安装接线与故障排除

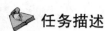 **任务描述**

X62W 型铣床工作台的进给运动只有在主轴电动机 M1 运行后才能进行，这种控制方式叫做顺序控制。

如图 1-47 所示为一种顺序控制电路。正常工作时，按下按钮 SB1，电动机 M1 启动运行，然后按下按钮 SB2，电动机 M2 启动运行；如果 M1 没有启动，则 M2 不能单独启动；按下停止按钮 SB3，电动机 M1、M2 同时停止。

试分析工作原理，并分析电气原理图，完成安装接线及有关故障的分析、排除。

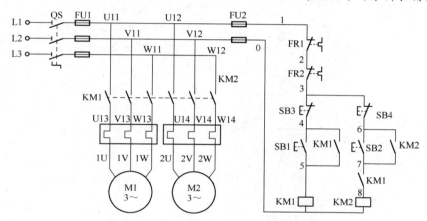

图 1-47　两台电动机顺序启动的电路

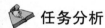 **任务分析**

图 1-47 所示的电路中要完成的是对两台电动机 M1、M2 的顺序启动控制。值得注意的是，此电路的主电路中用到了两台电动机，与以往学到的电路中的单台电动机稍有区别，但是万变不离其宗，都是由控制电路控制交流接触器，从而来实现对电动机的控制。

任务目标

◆ 掌握电动机顺序启停控制的概念；

◆ 识读电气原理图，正确使用电气元件，能按图安装接线；

◆ 掌握电气控制电路的分析方法，能根据故障现象，分析、排除故障；

◆ 培养分析电路的能力和举一反三的能力，为学习其他电气控制环节打下基础；

◆ 通过规范操作，建立劳动保护与安全文明生产意识。

一、基础知识

1. 顺序控制的原理

在实际生产中，一台机械设备往往装有多台电动机，各种电动机所起的作用是不同的，有时需要按一定的顺序启动或停止，才能保证操作过程的合理和设备工作的安全、可靠。例如，在机床中，需要润滑的电动机需要先启动后主轴电动机才能启动，如果顺序颠倒就会造成设备的损坏。像这种要求几台电动机的启动或停止必须按一定的先后顺序来完成的控制方式叫做电动机的顺序控制。电动机的顺序控制可以通过主电路或者控制电路来实现。

2. 由主电路实现的顺序控制

如图 1-48 所示，电动机 M1 和 M2 分别由交流接触器 KM1 和 KM2 来控制运转。由于主电路中 KM2 的主触点接在了 KM1 主触点的下方，因此只有 KM1 主触点闭合后，电动机 M2 才具备接通电源运转的可能。

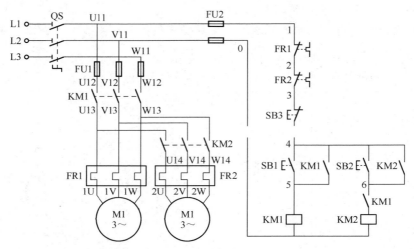

图 1-48　由主电路实现的顺序控制

下面分析电路的顺序启动工作原理：

接通电源开关 QS ——▶

按下 SB1 ——▶ KM1 线圈得电 ——▶ { KM1 主触点闭合
KM1 自锁触点闭合，形成自锁 } ——▶

——▶ 电动机 M1 启动连续运转
——▶ 再按下 SB2 ——▶ KM2 线圈得电 ——▶ { KM2 主触点闭合
KM2 自锁触点闭合，形成自锁 } ——▶

——▶ 电动机 M2 启动连续运转

电动机 M1、M2 是同时停转的。因为按下停止按钮 SB3 后，控制电路中两个接触器 KM1、KM2 的线圈同时断电，使它们的主触点都分断，因此 M1、M2 同时停转。

主电路实现顺序控制的关键环节是交流接触器 KM2 的主触点接在了 KM1 主触点的下方。

3. 由控制电路实现的顺序控制

1）M1、M2 顺序启动，同时停止的电路

如图 1-49 所示，在主电路中，电动机 M1 和 M2 分别由接触器 KM1 和 KM2 进行控制。控制电路中，KM2 的线圈串接了 KM1 的常开触点，只有在 KM1 线圈得电后（电动机 M1 运

转），KM1 常开触点闭合，KM2 的线圈才能得电，从而才能启动电动机 M2。

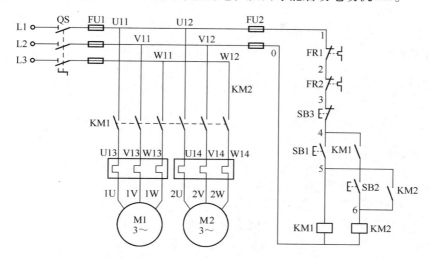

图 1-49   由控制电路实现的顺序控制

电路工作原理分析如下：

闭合电源开关 QS →

按下 SB1 → KM1 线圈得电 → { KM1 主触点闭合 / KM1 自锁触点闭合，形成自锁 } →

→ 电动机 M1 启动，连续运转

→ 按下 SB2 → KM2 线圈得电 → { KM2 主触点闭合 / KM2 自锁触点闭合 } →

—— 电动机 M2 启动，连续运转

电动机 M1、M2 也是同时停转的。因为按下停止按钮 SB3 后，控制电路中两个接触器 KM1、KM2 的线圈同时断电，使它们的主触点同时分断，因此 M1、M2 同时停转。

由上述分析可知，M1 和 M2 顺序启动的实现是在 KM2 线圈的电路中串联了 KM1 的常开触点，从而使 KM1 启动后 KM2 才可能启动。

2）M1、M2 顺序启动，M2 可单独停止的电路

对图 1-49 所示的控制电路进行了如图 1-47 所示的改动，在接触器 KM2 的控制电路中串接了接触器 KM1 的常开辅助触点。这时，只要电动机 M1 不启动，即使按下按钮 SB2，由于 KM1 的常开辅助触点未闭合，KM2 线圈也不可能得电，从而满足了电动机 M1 启动后，电动机 M2 才能启动的控制要求。按钮 SB3 控制两台电动机同时停止，按钮 SB4 可使电动机 M2 单独停止。

 边学边练

比较主电路实现顺序控制的电路与控制电路实现顺序控制电路的异同，并讲述其各自的特点。

二、任务实施

1. 器材准备

◆ 交流接触器两个，按钮 4 个，熔断器两组，刀开关 1 个，热继电器两个。
◆ 三相交流异步电动机两台。
◆ 常用电工工具 1 套，万用表 1 只。

2. 电路的安装接线

1）线号管、配线标志管的使用

线号管由白色软质 PVC 塑料制成，管、线上面用专门的打号机打上各种需要的数字或字母符号，套在导线的接头端，用来标记导线，如图 1–50 所示。其规格与电线规格相匹配，常用的规格有 0.75、1.0、1.5、2.5、4.0、6.0mm²，如 1.5mm² 的电线应选用 1.5mm² 的套管。

配线标志管则是已经把各种数字或字母印在塑料管上，并将其分割成小段，如图 1–51 所示，使用时可随意组合，很方便地标记导线。

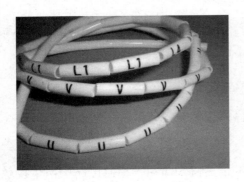

图 1–50　线号管

图 1–51　配线标志管

2）选择与检测电气元器件

识读电气原理图 1–47，按电路图选择所需的电气元器件并对其进行检测，按照表 1–17 电气元器件记录表记录各元器件的型号、规格、作用等内容。

表 1–17　电气元器件记录表

元器件名称	电气符号	型　　号	数　　量	额定电压	额定电流	主要作用	检测情况
刀开关							
熔断器							
按　钮							
热继电器							
交流接触器							
三相交流电动机							

3）按步骤安装接线

（1）按电路图选择元件并固定在网孔板上；

（2）按原理图接线；

（3）整理现场；

（4）通电前检查；

（5）通电试车；

（6）断电拆线。

4）实训记录

通电试车成功后，按以下步骤操作，记录实训现象，填表 1–18。

表 1–18　工作时的现象

操　　作	现　　象			
	KM1	电动机 M1	KM2	电动机 M2
（1）启动按钮 SB1				
（2）启动按钮 SB2				
（3）停止按钮 SB4				
（4）停止按钮 SB3				
（5）启动按钮 SB2				

3. 电路的常见故障分析与排除

1）电路的常见故障分析

电动机顺序启动控制电路中常见的故障及分析排除方法见表 1–19。

表 1–19　电路中的常见故障及分析排除

故障现象	原　　因	排除方法
接通电源或按下启动按钮时，熔体立刻熔断	电路中有短路	检查主电路或者控制电路是否短路，然后逐级检查，缩小故障范围
接触器不动作，电动机不能转动	电源故障； 与接触器线圈串联的控制电路有故障	先检查电源输入是否正常，若正常，则控制电路有故障，应先逐级检查控制电路部分，待控制电路故障排除后，接触器通电动作，再观察电动机是否运行
接触器动作，电动机不能转动	主电路有故障； 电动机有故障	接触器线圈已通电，说明控制电路完好，应逐级检查主电路部分。当然，也不排除电动机可能存在故障
电动机发出异常声音而不能转动或转速很慢	主电路某一相电路开路造成电动机缺相运行	检查主电路的线头是否松脱、接触器某对主触点是否损坏、熔断器的熔体是否熔断或电动机的接线是否有一相断开等
只能点动控制	电路自锁环节失效	检查控制电路中接触器的自锁触点及接线情况

故障现象	原　因	排　除　方　法
接通电源时，没有按下按钮而电动机自行启动	启动按钮被短接	检查控制电路中启动按钮的触点及接线
电动机不能停止	接触器的主触点烧焊；停止按钮不能断开；停止按钮被短接	检查接触器和停止按钮的触点及接线
电动机 M1 正常运转，但 M2 无法启动	电动机 M2 的主电路有故障；交流接触器 KM2 的控制电路有故障	检查交流接触器 KM2 的主触点是否吸合，如果吸合，则检查电动机 M2 的主电路连接是否正确，检测该电路是否有断路情况；如果交流接触器 KM2 的主触点不吸合，证明 KM2 线圈没得电，重点检查 KM2 线圈的控制线路，同时不排除主电路可能存在故障
电动机 M1、M2 同时启动	电路连接错误；按钮 SB2 连接错误或被短接	检查按钮 SB2 的触点连接是否正确；检查按钮 SB2 是否被短接；检查主电路是否连接正确

2）故障设置与检修

（1）熟悉正常电路的工作情况。

（2）教师设置故障。

（3）教师进行示范检修。

（4）学生检修。

3）实训记录

根据所设置的电路的故障现象，进行具体分析，完成表 1-20。

表 1-20　电路故障分析

故　障　现　象	故　障　原　因	怎样排除故障

三、知识拓展——能实现电动机 M1、M2 顺序启动，逆序停止的电路

如图 1-52 所示为两台电动机顺序启动，逆序停止的电路，它是对图 1-47 稍作改动之后的电路，在 KM1 的停止按钮 SB3 处并联了 KM2 的常开触点。这样，只有在 KM2 断电后，其常开触点断开，停止按钮 SB3 才能起作用，否则，KM2 不断电，即使按按钮 SB3，电路也不会断开，KM2 不会断电。由此，实现了电动机 M1 启动后，电动机 M2 才能启动，而电动机 M2 停止后，电动机 M1 才能停止，即电动机 M1、M2 顺序启动，逆序停止。

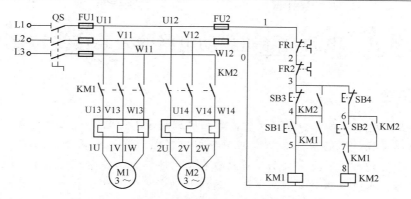

图 1-52　两台电动机顺序启动，逆序停止的电路

电动机 M1、M2 的顺序启动过程如下。

按下 SB1→KM1 线圈得电→ {
KM1 主触点闭合
KM1 自锁触点闭合，形成自锁
串联于 KM2 线圈上方的 KM1 辅助触点闭合
}

→电动机 M1 启动并连续运转

→按下 SB2→KM2 线圈得电→ {
KM2 主触点闭合
与 SB3 并联的 KM2 辅助触点闭合
KM2 自锁触点闭合，形成自锁
} →电动机 M2 启动并连续运转

电动机 M1、M2 的逆序停止过程如下。

按下 SB4→KM2 线圈失电→ {
KM2 主触点断开
并联于 SB3、SB2 的 KM2 辅助常开触点断开
}

→电动机 M2 停止转动

→按下 SB3→KM1 线圈失电→ {
KM1 主触点断开
辅助常开触点断开
} →电动机 M1 停止转动

由上述分析可知，M1 和 M2 逆序停止的实现是由于在 KM1 线圈的启动按钮处并联了 KM2 的常开触点，从而使 KM2 停止后 KM1 才可能停止。

 边学边练

图 1-52 中，在两台电动机都正常运转时，如果先按下停止按钮 SB3，能够让电动机 M1 停止吗？为什么？

思考与练习

（1）什么是电动机的顺序控制，如何实现顺序控制？

（2）实现电动机 M1、M2 顺序启动，逆序停止电路的关键环节是什么？

（3）三台电动机的顺序启动，逆序停止怎么实现？

任务五　电动机降压启动电路的安装接线与故障排除

任务描述

　　X62W 型铣床的各台电动机启动时，启动电压就是工作电压，这种启动方式叫做直接启动。但是可以发现，在电动机启动过程中会引起供电线路的电压降，使其他用电器受到影响。为了减小这种影响，一些大功率电动机在启动时降低加在电动机定子绕组上的电压，当电动机启动后，再将电压恢复到额定值，这种启动方式叫做降压启动。其目的是为了降低启动电流，减小因启动电流过大而造成的影响。

　　如图 1–53 所示为丫–△接法降压启动控制电路。正常工作时，按下启动按钮 SB2，电动机定子绕组便连接成丫形接法降压启动运行，当电动机的转速接近额定转速时，自动换接电路，使电动机定子绕组连成△形接法，进入全压运转。试分析电气原理图，完成安装接线及有关故障的分析、排除。

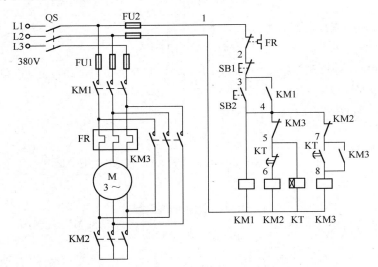

图 1–53　丫–△降压启动电路

任务分析

　　上述电路要完成的是对电动机的丫–△降压启动控制。电路中除了用到按钮、交流接触器、热继电器等电气元器件外，还用到了时间继电器。此任务不但要掌握电动机降压启动的方法，还要会灵活应用时间继电器。

任务目标

　◆ 了解电动机降压启动的目的；
　◆ 掌握定子串电阻降压启动、丫–△降压启动的工作原理；
　◆ 了解自耦变压器降压启动的工作原理；

◆ 掌握时间继电器的工作原理、使用方法；
◆ 能识读电气原理图，按图完成电路的安装及接线；
◆ 学会故障检修的方法，能正确排除丫–△降压启动电路中的故障；
◆ 通过规范操作，建立劳动保护与安全文明生产意识。

一、基础知识

1. 电动机降压启动的概念

电动机由静止状态逐渐加速到正常运转状态的过程叫做电动机的启动。

电动机启动时直接将额定电压加在电动机的定子绕组上，叫直接启动，也叫全压启动。

电动机直接启动时启动电流很大，约为额定值的 4 ~ 7 倍，过大的启动电流会引起电网电压显著下降，影响线路上其他用电设备的正常运行。直接启动适用于容量较小、工作要求简单的电动机。

降压启动是指电动机启动时，降低加在其定子绕组上的电压；当电动机转速升到接近额定转速时，再将电压恢复到额定值。降压启动的目的是降低启动电流，减小因启动电流过大而引起的供电线路电压降。

由于电动机启动力矩与电压的平方成正比，降压启动时电动机的力矩大为降低，因此降压启动的方式只适用于空载或轻载启动，并且当电动机启动到接近稳定转速后，为使电动机带动额定负载，需将定子绕组上的电压恢复到额定值。

常用的降压启动方式有丫–△降压启动、定子串电阻降压启动、自耦变压器降压启动等。

2. 电动机的降压启动电路

1）定子串电阻降压启动

定子串电阻降压启动是指电动机启动时，在三相定子电路中串接电阻，使电动机定子绕组的电压降低，启动结束后再将电阻短接，使电动机在额定电压下正常运行。

（1）手动切换电路

手动切换的定子串电阻降压启动电路的电气原理图如图 1–54 所示。

其工作原理如下。

按下 SB1→KM1 线圈通电→$\begin{cases} \text{KM1 主触点闭合→电动机串电阻降压启动} \\ \text{KM1 辅助触点（4~5）闭合，形成自锁} \end{cases}$

当电动机转速接近额定转速时：

按下 SB2→KM2 线圈通电→KM2 主触点闭合，电阻被短路，电动机全压运行

（2）自动切换电路

自动切换的定子串电阻降压启动可由时间继电器来完成电路的自动切换。

时间继电器是一种利用电磁原理或机械原理实现延时控制的自动开关装置。它的种类很

多，有空气阻尼型、电动型和电子型和其他型。时间继电器要根据延时范围和精度来选择继电器的类型。

空气阻尼式时间继电器又称气囊式时间继电器，它是根据空气压缩产生的阻力来进行延时的，其结构简单，价格便宜，延时范围大（0.4～180s），但延时精度低。

电磁式时间继电器的延时时间短（0.3～1.6s），但它结构比较简单，通常用在断电延时场合和直流电路中。

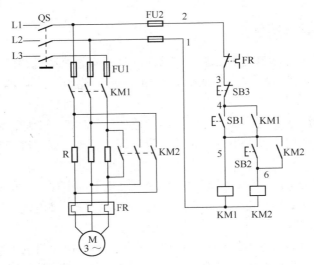

图 1-54　手动切换的定子串电阻降压启动电路

电动式时间继电器的原理与钟表类似，它是由内部电动机带动减速齿轮转动而获得延时的。这种继电器延时精度高，延时范围大（0.4～72h），但结构比较复杂，价格很贵。

晶体管式时间继电器又称电子式时间继电器，它是利用延时电路来进行延时的。这种继电器精度高，体积小。

图 1-55 是常见的时间继电器。

（a）JS7 系列时间继电器　　（b）带数显的时间继电器　　（c）晶体管式时间继电器　　（d）电子式时间继电器

图 1-55　常见的时间继电器

时间继电器按其延时方式可分为通电延时型和断电延时型，在选用时应根据控制要求选择其延时方式。

下面以空气阻尼式时间继电器的通电延时型为例来说明时间继电器的工作原理。当衔铁位于铁心和延时机构之间时为通电延时型；当铁心位于衔铁和延时机构之间时为断电延时型。图 1-56 为 JS7-A 型时间继电器的结构原理图。

当线圈 1 通电后，衔铁 3 吸合，活塞杆 6 在塔形弹簧 7 的作用下带动活塞 13 及橡皮膜 9 向上移动，使空气室内的空气变得稀薄，形成负压，活塞杆缓慢移动，经一段时间后，活塞杆通过杠杆 15 压动微动开关 14，触点动作，从而起到延时的作用。

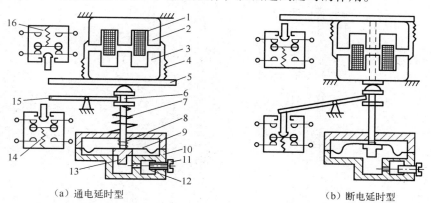

（a）通电延时型　　　　　　　　　（b）断电延时型

1—线圈；2—铁心；3—衔铁；4—反力弹簧；5—推板；6—活塞杆；7、8—弹簧；9—橡皮膜；10—空气室壁；
11—调节螺钉；12—进气孔；3—活塞；14、16—开关；15—杠杆

图 1-56　JS7-A 型时间继电器原理图

当线圈断电时，衔铁释放，空气室内的空气通过活塞肩部形成的单向阀迅速排出，使微动开关迅速复位。从线圈通电到触点动作所用的时间即为时间继电器的延时时间，可通过调节螺钉 11 来调其大小。

图 1-57 是时间继电器的图形符号和文字符号。

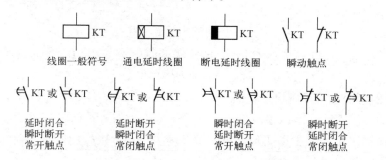

图 1-57　时间继电器的图形和文字符号

自动切换电路的电气原理图如图 1-58 所示。控制电路的启动过程如下。

按下 SB1→KM1 线圈通电→{ KM1 主触点闭合→电动机串入电阻降压启动

KM1 辅助触点（5~7）闭合→KT 通电　　当电动机转速接近额定转速时

→KT 延时触点（5~8）闭合→KM2 线圈通电→KM2 主触点闭合，电阻被短路→电动机全压运行

定子串电阻降压启动方式的控制线路简单，操作方便，但由于启动时串入了电阻，所以要消耗一定的电能，不经济。

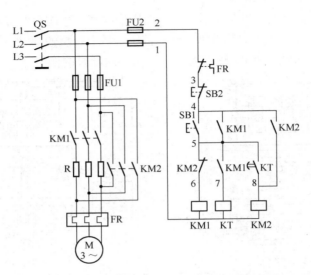

图 1-58　自动切换的定子串电阻降压启动电路

2）丫－△降压启动

电动机丫－△降压启动时，先将定子绕组连接成丫形，当电动机转速上升到接近稳定转速时，再换接成△形接法，进入全压运行。采用丫形接法时，相电压与电源的相电压相等；采用△形接法时，相电压与电源的线电压相等。因此有：

$$U_\curlyvee = U_\triangle / \sqrt{3}$$

常用的三相交流电动机采用丫形接法时，启动电压为 220V，采用△形接法时，启动电压为 380V。

△形接法的线电流是相电流的 $\sqrt{3}$ 倍，丫形接法的线电流等于相电流，故丫形接法的线电流等于△形接法的 1/3，因而减小了对线电压的影响。

（1）手动切换的丫－△降压启动电路

手动切换的丫－△降压启动电路如图 1-59 所示。电动机启动时，按下启动按钮 SB1，当换接电路时，按下按钮 SB2 手动实现。由于丫形接法向△形接法切换时需人工完成，切换时间不易准确掌握。其启动时的工作原理如下。

闭合 QS，按下 SB1 → $\left\{\begin{array}{l}\text{KM1 线圈得电，自锁} \\ \text{KM2 线圈得电}\end{array}\right\}$ → 电动机丫形接法启动

当电动机转速接近额定转速时：

按下 SB2 → KM2 线圈断电 → $\left\{\begin{array}{l}\text{KM2 主触点断开，辅助常闭触点闭合} \\ \text{KM3 线圈得电}\end{array}\right\}$ → 电动机△形接法全压运行

（2）自动切换的丫－△降压启动电路

如图 1-53 所示，自动切换的丫－△降压启动电路可由时间继电器来完成电路的自动切换。工作原理如下。

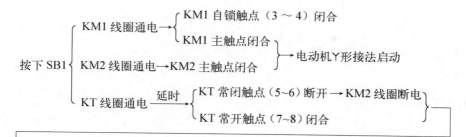

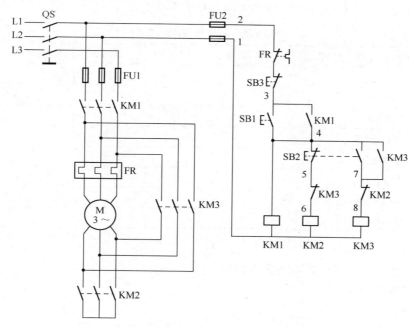

图 1-59 手动切换丫-△降压启动控制电路

丫-△降压启动方法经济可靠,但由于丫形接法的启动电流是正常运行△形接法的 1/3,启动转矩也只有正常运行时的 1/3,因而丫-△启动只适用于空载或轻载启动的情况。另外,此启动方法也只适用于额定运行状态是△形接法的电动机,对于丫形接法的电动机,不可采用本方法启动。

 边学边练

(1)观察时间继电器,学会区分通电延时型和断电延时型。

(2)图 1-53 中,电动机是如何从降压启动转换为全压运行的?

二、任务实施

1. 器材准备

◆ 交流接触器 3 个,按钮两个,熔断器两组,刀开关 1 个,热继电器 1 个,时间继电器

1 个。

◆ 三相交流异步电动机 1 台。

◆ 常用电工工具 1 套，万用表 1 只。

◆ 导线若干。

2. 电路的安装接线

1）选择与检测电气元器件

识读电气原理图，按电路图 1–53 选择并检测所需的电气元器件，记录各元器件的型号、规格、数量，填在电气元器件明细表中，见表 1–21。

表 1–21 电气元器件明细表

符 号	元件名称	型 号	额定电压（V）	额定电流（A）	数 量	检测情况
QS	刀开关					
FU 1	熔断器					
FU 2	熔断器					
KM	交流接触器					
FR	热继电器					
SB	控制按钮					
KT	时间继电器					
M	三相交流电动机					

2）按步骤安装接线

（1）按电路图选择元件并固定在接线板上；

（2）按原理图接线；

（3）整理现场；

（4）通电前检查；

（5）通电试车；

（6）断电拆线。

3）实训记录

（1）观察通电延时型时间继电器，并完成表 1–22。

表 1–22 时间继电器

项 目		图形符号	数 量	功能特点
线 圈				
瞬时动作触点	常 开			
	常 闭			
通电延时闭合常开触点				
通电延时断开常闭触点				

（2）通电试车成功后，根据实际情况描述工作时的现象，填表 1-23。

表 1-23　工作时的现象

操　作	现　象				
	KM1	KM2	KM3	KT	M
（1）按下启动按钮 SB2					
（2）松开按钮 SB2					
（3）延时时间到					
（4）按下按钮 SB1					

3. 电路中常见故障分析与排除

1）电路中常见故障分析

电动机降压启动控制电路中常见故障的分析、排除方法见表 1-24。

表 1-24　电路中的常见故障及排除

故障现象	原　因	排除方法
接通电源或按下启动按钮时，熔体立刻熔断	电路中有短路	检查主电路或者控制电路是否短路，然后逐级检查，缩小故障范围
按下启动按钮，接触器不动作，电动机不能转动	电源故障； 与接触器线圈串联的控制电路有故障	先检查电源输入是否正常，若正常，则控制电路有故障，应先逐级检查控制电路部分，待控制电路故障排除后，接触器通电动作，再观察电动机是否运行
按下启动按钮，接触器动作，但电动机不能转动	主电路有故障； 电动机有故障	接触器线圈已通电，说明控制电路完好，应逐级检查主电路部分。当然，也不排除电动机可能有故障
电动机发出异常声音而不能转动或转速很慢	主电路某一相电路开路造成电动机缺相运行	检查主电路线头是否松脱、接触器某对主触点是否损坏、熔断器的熔体是否熔断或电动机的接线是否有一相断开等
按下启动按钮，可以实现Y形启动，但无法转换为△形运行	电路中的Y-△变换控制电路环节连接不正确； 接触器 KM3 损坏； 压线接触不良	可用万用表测量电路中的Y-△变换控制电路环节接点是否导通，不通时应检查维修或更换电气元件
电动机不能停止	接触器的主触点烧焊； 停止按钮不能断开； 停止按钮被短接	检查接触器和停止按钮的触点及接线

2）故障设置与检修

（1）熟悉正常电路的工作情况。

（2）教师设置故障。

（3）教师进行示范检修。

（4）学生检修。

3）实训记录

根据所设置的电路的故障现象进行具体分析，完成表 1-25。

表 1–25　电路故障分析

故 障 现 象	故 障 原 因	怎样排除故障
1.		
2.		
3.		
4.		
5.		
6.		

三、知识拓展——自耦变压器降压启动电路

自耦变压器是只有一个绕组的变压器，低压线圈是高压线圈的一部分，有几个不同电压比的分接头供选择。当作为降压变压器使用时，从绕组中抽出一部分线匝作为二次绕组；当作为升压变压器使用时，外施电压只加在绕组的一部分线匝上。

自耦变压器降压启动是利用自耦变压器来降低电动机定子绕组上的电压，以达到降低启动电流的目的。自耦变压器的高压边投入电网，低压边接至电动机。电动机启动后，将自耦变压器短接，使定子绕组上加上额定电压，电动机全压运行。

自耦变压器降压启动电路如图 1–60 所示，其降压启动的工作原理如下。

按下 SB2→┤KM1 线圈通电→KM1 主触点闭合→自耦变压器接入主电路，电动机降压启动

　　　　　└KT 线圈通电──延时──→KT 动断触点断开→KM1 线圈断电→自耦变压器被断开──

──┐电动机断电

　　└KT 延时动合触点闭合→KM2 线圈通电→KM2 主触点闭合，电动机全压运行

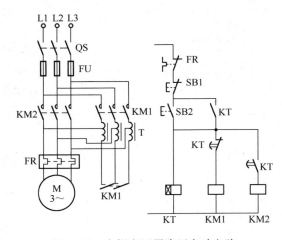

图 1–60　自耦变压器降压启动电路

思考与练习

（1）什么是降压启动？三相异步电动机的降压启动方法通常有哪些？
（2）在自动切换Y-△降压启动电路中，时间继电器 KT 线圈损坏会出现什么情况？
（3）时间继电器按延时方式可分为哪几类？其各自的特点是什么，怎么应用？

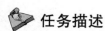任务六　电动机反接制动控制电路的安装接线与故障排除

任务描述

三相异步电动机切断电源后，有时由于惯性，要经过一段时间才能完全停止，而在生产中有时为缩短时间，提高生产效率和加工精度，要求电动机立即停止。例如，X62W 型铣床的主轴电动机 M1，由于在电路中采取了一定的措施，按下停止按钮时 M1 很快就停止下来。

这种采取一定措施使三相异步电动机迅速准确停车的过程，称为三相异步电动机的制动。X62W 型铣床 M1 的停止方式就是制动停止。

如图 1-61 所示为电动机的一种反接制动控制电路。正常工作时，按下启动按钮 SB2，电动机启动运行，按下 SB1 时，接触器 KM1 断电，而 KM2 通电，使电动机立即制动停止。试分析电气原理图，根据控制要求选择相应的元器件，完成安装接线，并分析、排除有关故障。

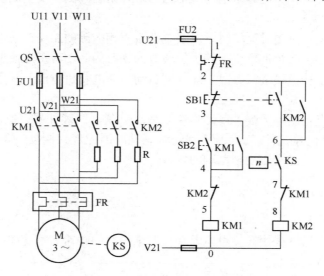

图 1-61　反接制动控制电路

任务分析

上述电路要完成的是对电动机的反接制动控制。电动机停止时，用速度继电器作为自动控制元件来实现对电路的自动换接。此任务要掌握电动机制动的方法，还要能正确使用速度继电器。

任务目标

◆ 了解电动机制动的概念；

◆ 掌握速度继电器的用途、工作原理及使用方法；

◆ 掌握电动机反接制动的工作原理；

◆ 识读电气原理图，能正确选用电气元件，按图安装接线；

◆ 能根据故障现象，分析、排除反接制动线路中的故障；

◆ 通过规范操作，建立劳动保护与安全文明生产意识。

一、基础知识

1. 反接制动的概念

1）电动机的制动

电动机的制动就是给电动机一个与转动方向相反的转矩，使它迅速停车，如起重机吊钩的准确定位、万能卧式铣床主轴的迅速停车，都对电动机采用了制动。

三相异步电动机的制动方法分为机械制动和电气制动两大类。

机械制动是在电动机断开电源后，利用机械装置迫使电动机迅速停车。

电气制动是在电动机断开电源后，在其内部产生一个与原旋转方向相反的制动力矩，迫使电动机迅速停车。三相交流异步电动机常用的电气制动方法有反接制动、能耗制动等。

2）电动机的反接制动

反接制动是在电动机正常运转时，改变电动机三相电源的相序，使定子绕组产生的旋转磁场反向旋转，在转子绕组上产生与转子旋转方向相反的制动转矩来使电动机快速停转的一种制动方式。当转子转速接近于零时，应立即自动切断电动机电源，否则，电动机将会反向转动。

反接制动的优点是制动力强，制动迅速。缺点是制动准确性差，制动过程中冲击强烈，易损坏传动零件，制动能量消耗大，不宜经常制动。因此反接制动一般适用于制动要求迅速，系统惯性较大，不经常启动与制动的场合。

2. 反接制动电路

1）速度继电器

反接制动电路中通常采用速度继电器来检测电动机的转速。速度继电器主要用作鼠笼型异步电动机的反接制动控制。

速度继电器的结构原理图与图形文字符号如图 1-62 所示，图 1-63 所示为几种常见的速度继电器。

速度继电器主要由转子、定子和触点三部分组成，转子是一个圆柱形永久磁铁，与电动机同轴连接，随着电动机旋转而旋转。定子是一个笼形空芯圆环，由硅钢片叠成，并装有笼型绕组。当转子随电动机转动时，旋转磁场与定子绕组磁力线相切割，产生感应电势及感应电流，定子随着转子转动而转动起来。定子转动时带动杠杆，杠杆推动触点，使常开触点闭合，常闭触点断开；当电动机转速低于某一数值时，定子产生的转矩减小，触点在簧片作用下复位。一般速度继电器的动作转速为 120r/min 以下，触点复位转速在 100r/min 以下。

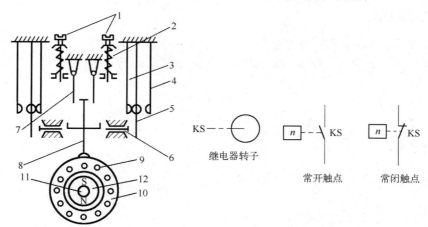

1—调节螺钉；2—反力弹簧；3、4、5—触点；6—推杆；7—返回推杆；
8—摆杆；9—笼型导条；10—圆环；11—转轴；12—永磁转子

图 1-62 速度继电器的结构原理图与图形文字符号

（a）内置传感器型速度继电器 （b）一般速度继电器 （c）JY1 型速度继电器

图 1-63 几种常见的速度继电器

2）反接制动的电气原理图

如图 1-61 所示为电动机反接制动控制的电气原理图，工作过程分析如下。

电动机启动时：

按下按钮 SB2→交流接触器 KM1 的线圈通电→主电路上 KM1 的主触点闭合——

→电动机 M 与电源接通，启动运行

当电动机转速升高时，控制电路中 KS 的常开触点闭合，为反接制动做好准备。

要使电动机停止时：

按下停止按钮 SB1，其常闭触点断开，KM1 断电。由于此时电动机仍保持高速运转，速度继电器 KS 的常开触点仍然处于闭合状态。KM2 的线圈通过以下电路接通：

SB1（2-6）→KS（6-7）→KM1（7-8）→KM2线圈

KM2 线圈得电后其主触点接通，电动机反接电源，开始进行反接制动，电动机转速迅速下降。当电动机转速接近于零时，速度继电器 KS 的常开触点断开，KM2 线圈断电，主电路中的电动机断电，反接制动结束。

边学边练

（1）速度继电器在控制电路中的作用是什么？

（2）如按下停止按钮，电动机不能很快停转，可能的原因有哪些？

二、任务实施

1. 器材准备

◆ 交流接触器 1 个，按钮两个，熔断器两组，刀开关 1 个，热继电器 1 个，速度继电器 1 个。

◆ 三相交流异步电动机 1 台。

◆ 常用电工工具 1 套，万用表 1 只。

2. 电路的安装接线

根据如图 1–61 所示电动机反接控制电路选择电气元件，并完成安装接线及有关故障的分析、排除。

注意要按照安全规范与技术要求操作。

1）选择与检测电气元件

识读电气原理图，按图 1–61 选择并检测所需的电气元器件，记录各元器件的型号、规格、数量，填在电气元器件明细表中，见表 1–26。

表 1–26　电气元器件明细表

符　号	元器件名称	型　号	额定电压（V）	额定电流（A）	数　量	检测情况
QS	刀开关					
FU1	熔断器					
FU2	熔断器					
KM	交流接触器					
FR	热继电器					
SB	控制按钮					
KS	速度继电器					
M	三相交流电动机					

2）按步骤安装接线

（1）按电路图选择元件并固定在接线板上；

（2）按原理图接线；

（3）整理现场；

（4）通电前检查；

（5）通电试车；

（6）断电拆线。

3）实训记录

通电试车成功后，按以下步骤操作，记录实训现象，填表1-27：

表1-27　工作时的现象

操　　作	现　　象		
	接触器 KM1	接触器 KM2	电动机 M
（1）按下启动按钮 SB2			
（2）按下停止按钮 SB1			
（3）松开停止按钮 SB1			

3. 电路中常见故障的分析与排除

1）电路中常见故障的分析

电动机反接制动控制电路中常见的故障及分析排除方法见表1-28。

表1-28　电路中常见的故障

故 障 现 象	原　　因	排 除 方 法
接通电源或按下启动按钮时，熔体立即熔断	电路中有短路	仔细检查电路，看是主电路还是控制电路的故障，然后逐级检查，缩小故障范围
按下 SB2，接触器不动作，电动机不能转动	接触器线圈没有通电	应先检查电源输入是否正常，若正常，则控制电路有故障，应先逐级检查控制电路部分，待控制电路故障排除后，接触器通电动作，再观察电动机是否运行
按下 SB1，电动机不能停止转动	可能是接触器的主触点烧焊，也可能是停止按钮被卡住不能断开或者被短接	检查接触器和停止按钮的触点及接线
按下 SB1，电动机不能马上停止转动	反接制动线路没有接好，或速度继电器不动作	先检查主电路反接部分，再检查控制电路的速度继电器

2）故障设置与检修

（1）熟悉正常电路的工作情况。

（2）教师设置故障。

（3）教师进行示范检修。

（4）学生检修。

3）实训记录

根据所设置电路的故障现象，进行具体分析，完成表1-29。

表1-29　电路故障分析

故 障 现 象	故 障 原 因	排 除 方 法
1.		
2.		
3.		
4.		
5.		
6.		

边学边练

（1）按下停止按钮，电动机不能很快停转，可能的原因有哪些？怎样查出故障点？

（2）反接制动有一个最大的缺点就是：当电动机转速为零时，如果不及时撤除反向后的电源，电动机会反转，如何解决此问题？

三、知识拓展

1. 电磁抱闸制动电路

通常采用机械装置使电动机断开电源后迅速停转的制动方法称为机械制动。机械制动常用的方法是电磁抱闸制动和电磁离合器制动。

1）电磁抱闸断电制动控制电路

电磁抱闸断电制动控制电路如图 1-64 所示。合上电源开关 QS 和接触器 KM，电动机接通电源，同时电磁抱闸线圈 YB 得电，衔铁吸合，克服弹簧的拉力使制动器的闸瓦与闸轮分开，电动机正常运转。断开开关电动机失电，同时电磁抱闸线圈 YB 也失电，衔铁在弹簧拉力的作用下与铁心分开，并使制动器的闸瓦紧紧抱住闸轮，电动机被制动而停转。图中 KM 可采用倒顺开关、主令控制器、交流接触器等控制电动机的正/反转，满足控制要求。倒顺开关接线示意图如图 1-65 所示。这种制动方法在起重机械上广泛应用，如起重机、卷扬机、电动葫芦（大多采用电磁离合器制动）等。其优点是能准确定位，可防止电动机突然断电时重物自行坠落而造成事故。

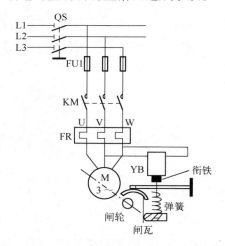

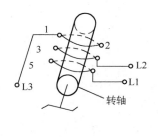

图 1-64　电磁抱闸断电制动控制电路　　图 1-65　双速三相异步电动机的手动调速控制电路

（注：图 1-65 中 2、3、5 分别接图 1-64 中 U、V、W 接点）

2）电磁抱闸通电制动控制电路

电磁抱闸断电制动时其闸瓦紧紧抱住闸轮，若想手动调整是很困难的。因此，对电动机制动后仍想调整工件相对位置的机床设备不能采用断电制动，而应采用通电制动控制，其电路如图 1-66 所示。当电动机得电运转时，电磁抱闸线圈无法得电，闸瓦与闸轮分开无制动作用；当电动机需停转按下停止按钮 SB2 时，复合按钮 SB2 的常闭触点先断开，切断 KM1 线圈，KM1 主、辅触点恢复无电状态，结束正常运行并为 KM2 线圈得电做好准备，经过一定的行程，SB2 的常开触点接通 KM2 线圈，其主触点闭合，电磁抱闸的线圈得电，使闸瓦紧紧抱住闸轮制动；当电动机处于停转状态时，电磁抱闸线圈也无电，闸瓦与闸轮分开，这样操作人员可扳动主轴调整工件或对刀等。

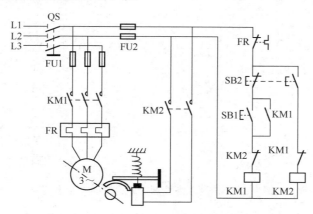

图 1-66　电磁抱闸通电制动控制电路

通过以上分析可以看出，机械制动主要采用电磁抱闸、电磁离合器制动，两者都是利用电磁线圈通电后产生磁场，使静铁心产生足够大的吸力吸合衔铁或动铁心（电磁离合器的动铁心被吸合，动、静摩擦片分开），克服弹簧的拉力而满足工作现场的要求。电磁抱闸靠闸瓦的摩擦片制动闸轮，电磁离合器利用动、静摩擦片之间足够大的摩擦力使电动机断电后立即制动。

2. 能耗制动控制电路

能耗制动是将运转的电动机脱离三相交流电源的同时，给定子绕组加一直流电源以产生一个静止磁场，利用转子感应电流与静止磁场的作用产生反向电磁力矩而制动的。能耗制动时，制动力矩的大小与转速有关，转速越高，制动力矩越大，随转速的降低，制动力矩也下降，当转速为零时，制动力矩消失。

1）速度原则控制的能耗制动控制电路

图 1-67 中 KM1 为交流电源接触器、KM2 为直流电源接触器、KS 为速度继电器，T 为变压器。

电路启动过程如下。

按下 SB2→KM1 线圈得电→KM1 常开触点闭合，自锁→电动机 M 启动

能耗制动时的工作过程如下。

按下 SB1┬→SB1 常开触点闭合 → KM2 线圈得电 ┬→ KM2 主触点闭合 ┐
　　　　└→SB1 常闭触点断开（KM1 线圈失电）└→ KM2 常闭触点断开 │
┌───┘
└→串入电阻 R →电动机速度下降→KS 常开触点断开→KM2 线圈失电→电动机 M 停止（制动完毕）

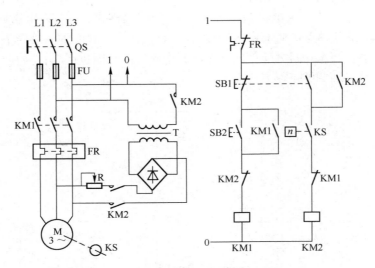

图 1–67　速度原则控制的能耗制动控制电路

2）时间原则控制的能耗制动控制电路

能耗制动还可用时间继电器代替速度继电器进行制动控制。

图 1–68 中主电路在进行能耗制动时所需的直流电源由 4 个二极管组成的单相桥式整流电路通过接触器 KM2 引入，交流电源与直流电源的切换是由 KM1、KM2 来完成，制动时间由时间继电器 KT 决定。

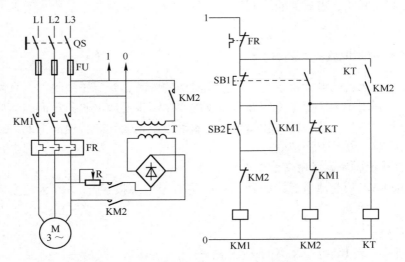

图 1–68　时间原则控制的能耗制动控制电路

电路启动过程如下。

按下 SB2→KM1 线圈得电→KM1 常开触点闭合，自锁→电动机 M 启动

能耗制动过程如下。

```
                    ┌→KT 线圈得电→KT 的瞬动触点闭合
按下 SB1→SB1 常开触点闭合─┼→KM2 线圈得电→KM2 主触点接通制动电路
      └→SB1 常闭触点断开（KM1 线圈失电）└→KM2 常闭互锁触点断开   设定时间到
 ┌──────────────────────────────────────────────────────────┘
 └→KT 的常闭触点断开→电动机 M 停止（制动完毕）
```

　　能耗制动的优点是制动准确、平稳、能量消耗少，但制动力较弱，低速时制动力矩小，而且需要整流设备，设备投资较高，主要用于容量较大的电动机制动或制动频繁的场合及制动准确、平稳的设备，如磨床、立式铣床等的控制，但不适用于紧急制动停车。

思考与练习

　　（1）在图 1-61 中，若速度继电器 KS 损坏，会出现什么现象？
　　（2）反接制动与能耗制动各有什么优、缺点？
　　（3）试分析如图 1-69 所示控制电路的工作原理。

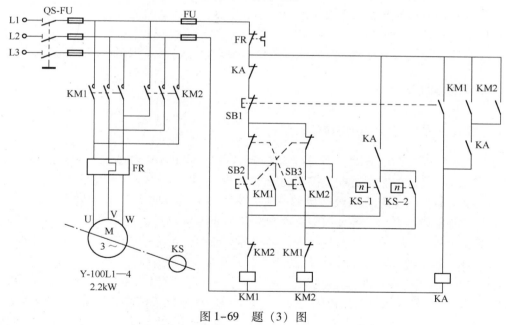

图 1-69　题（3）图

任务七　整台机床电气控制电路的故障检修

任务描述

　　由于 X62W 型铣床的运动形式较多，其整台机床的电气原理图看起来较为复杂，但无论机械设备的电气控制系统多么复杂，都是由一些基本控制环节组成的。对于不同的生产机械，其运动方式不同，对电气控制的要求也不同，因此其电气控制系统也不尽相同，但分析整台设备电气线路的方法是一致的，CA6140 型车床的运动形式较少，其电气控制电路也相对简单一些，在此首先从 CA6140 型车床的电气线路入手学习这种分析方法。

CA6140 型车床的运动形式主要有主轴的旋转运动，刀架纵向和横向的进给运动，冷却泵的启停控制等，试分析 CA6140 型车床整台设备的电气原理图，并对其常见的故障进行检修。

 任务分析

由于整台机床由多台电动机控制，因此电气控制环节比较多，应分别找出 CA6140 型车床中各台电动机的主电路及控制电路，分析电路的工作原理及其常见故障，从中学会对整台设备的电气控制电路进行故障检修。

任务目标

- 了解 CA6140 型普通车床的主要结构和运动形式；
- 理解 CA6140 型普通车床电力拖动的特点及对电气控制的要求；
- 了解各基本控制环节在 CA6140 型车床电气控制中的应用；
- 掌握阅读和分析整台机床电气控制电路的方法，提高读图能力；
- 能根据 CA6140 型车床常见的故障现象分析、排除故障；
- 培养综合分析应用能力，为电气控制电路的设计、安装、调试打下基础。

一、基础知识

1. CA6140 车床的结构组成和运动形式

分析机床电气控制电路时，必须与其他技术资料结合起来，如机床的主要结构、技术性能、运动形式等，了解它们对电气控制的要求。

车床是机械加工业中应用最广泛的一种机床，在各种车床中，应用最多的就是普通车床。普通车床主要用来加工各种回转表面和端面，如内外圆柱面、圆锥面、成形回转面、端面、切槽、切断、钻孔、铰孔及各种内外螺纹等。其中，在普通车床里，卧式车床应用最广泛。CA6140 型车床就是一种应用广泛的普通卧式车床。

CA6140 型车床结构先进、性能优越、操作方便。其主要组成部件有主轴箱、挂轮箱、进给箱、溜板箱、主轴和卡盘、溜板和刀架、尾架、光杠和丝杠、床身等，如图 1-70 所示。

CA6140 型车床的运动形式主要有主轴和卡盘的旋转运动、刀架的进给运动、刀架的快速移动、冷却液的供给等，这些运动形式是通过电气控制系统来控制电动机的运动实现的。

2. CA6140 型车床对电气控制的要求

1）CA6140 型车床主运动的控制，即主轴和卡盘的旋转运动的控制

通过车床主轴和卡盘的旋转运动带动工件旋转。为适应不同的加工需要，主轴的变速采用机械方式实现，通过调整主轴变速机构的操作手柄，使主轴获得不同的转速。加工螺纹时，需要主轴反转退刀，主轴的正/反转由操作手柄通过双向摩擦离合器控制。主轴的制动采用机械制动。

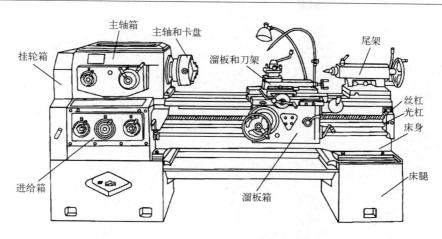

图 1-70　CA6140 型普通车床外形示意图

2）刀架进给运动的控制，即刀架的纵向和横向运动的控制

刀架纵向和横向的进给运动与主运动要求由一台电动机来拖动，这是为了保证加工过程中工件的转速与刀具的移动速度之间形成严格的比例关系。进给运动由主轴箱的输出轴经挂轮箱传给进给箱，再经丝杠或光杠传给溜板箱，带动刀架运动。

刀架的快速进给运动由另一台电动机单独拖动，采用点动控制。

3）冷却系统的控制

冷却泵由一台单向旋转的电动机拖动。冷却液应在主轴启动之后提供，要求冷却泵的电动机与主轴的电动机存在顺序启动关系，即主轴电动机启动后冷却泵电动机才能启动，当主轴电动机停止时，冷却泵电动机应立即停止。

3. CA6140 型普通车床的电气原理图

1）分析整台机床电气控制电路的方法

分析整台机床电气控制电路时必须与其他技术资料结合起来，注意了解机床的主要结构、技术性能、运动形式，了解机床液压、气动系统的工作情况，从而了解它们对电气控制的要求；了解各种电器的安装位置、作用及各操纵手柄、开关、按钮的作用及其操作方法，然后再分析电气原理图。

分析电气原理图的基本方法是：先分析主电路，再分析控制电路，最后分析照明、信号等辅助电路。

分析主电路时，应根据电动机控制元件的触点、电阻和其他检测保护器件，分析电动机的启动、制动、正/反转、调速、保护等控制和保护要求。

分析控制电路时，应根据主电路控制元件和其他电气元件，在控制电路中找出相应的控制环节，按控制的先后顺序从左到右、从上到下依次进行分析。

对于较复杂的控制电路，可先"化整为零"，根据控制功能把控制电路分解成与主电路对应的各种基本控制环节，一一分析，然后再"积零为整"，统观全局，把各个基本环节串起来，注意各基本控制环节之间的联系及主、控电路之间的对应关系。

2）主电路

CA6140 型普通车床的电气原理图如图 1-71 所示。

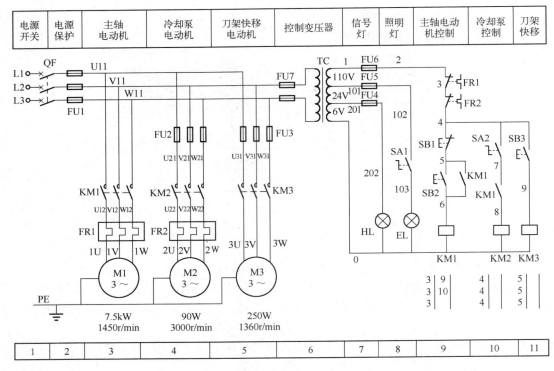

图1-71　CA6140 型普通车床的电气原理图

图1-71 所示电路中共有 3 台电动机 M1、M2 和 M3。从主电路中可以看出，3 台电动机采用的均是直接启动方式；没有反接制动、能耗制动等电气制动的要求；电动机均是单方向旋转；也没有速度调节的电路。因此 CA6140 型车床的电气控制比较简单，3 台电动机的控制与保护元件见表 1-30。

表 1-30　3 台电动机的控制与保护元件

电 动 机	控 制 元 件	保护元件		
		短 路 保 护	过 载 保 护	零压、欠压保护
M1	KM1	FU1	FR1	KM1
M2	KM2	FU2	FR2	KM2
M3	KM3	FU3	无	KM3

3）控制电路

根据主电路的控制元件在控制电路中找出相应的控制环节，按控制的先后顺序分析。

（1）主轴电动机 M1 的控制

如图 1-72 所示，M1 的启停控制是由 KM1 的通断电实现的，SB1、SB2 分别是启动和停止按钮。

按下 SB2→KM1 线圈通电┬→KM1 主触点闭合→M1 通电运行
　　　　　　　　　　　├→KM1 动合触点（5~6）闭合，实现自锁
　　　　　　　　　　　└→KM1 动合触点（7~8）闭合（为 M2 启动做准备）

按下 SB1→KM1 线圈断电→KM1 主触点断开→M1 断电停止

（2）冷却泵电动机 M2 的控制

M2 的启停是由 SA2 控制 KM2 的通断电来实现的，如图 1-73 所示。由于 KM1 动合触点串联在 KM2 线圈的电路中，因此需要在 KM1 线圈通电后，其动合触点闭合，KM2 线圈才能通电。因此，冷却泵电动机 M2 的启动是在主轴电动机 M1 启动之后进行的。

M1 启动后，接通 SA2→KM2 线圈通电→KM2 主触点闭合→M2 启动

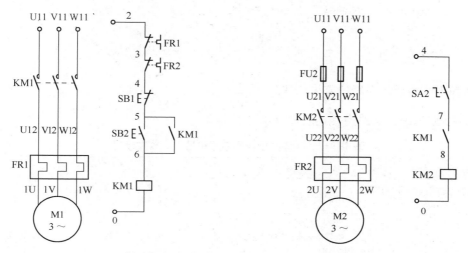

图 1-72　CA6140 型车床主轴启停的控制电路　　　图 1-73　CA6140 型车床冷却泵启停的控制电路

M1 启动后，接通 SA2 →KM2 线圈通电→KM2 主触点闭合→M2 启动。

（3）快速移动电动机 M3 的控制

如图 1-74 所示，M3 的启停是由 SB3 的控制 KM3 的通断电来实现的，由于控制电路中的 KM3 没有自锁，所以对 M3 的控制是点动控制。

4）照明、信号电路

照明、信号电路如图 1-75 所示。

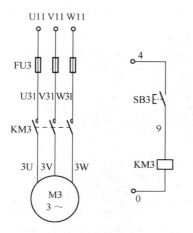
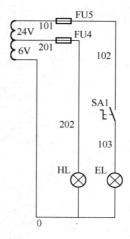

图 1-74　快速移动电动机启停的控制电路　　　图 1-75　照明、信号电路

电源指示灯 HL 用来表示机床是否已经开始工作，当电源开关接通后，HL 灯应该点亮。

电源指示电路由控制变压器 TC 二次侧 6V 供电，短路保护元件是 FU4。

照明灯 EL 是使用机床时工作照明用的，由 TC 二次侧 24V 供电，开关 SA1 控制，FU5 作短路保护。

 边学边练

（1）在 CA6140 型车床的电气控制电路中，M1、M2、M3 三台电动机各起什么作用？它们由哪些控制环节组成？

（2）为什么电动机 M1 和电动机 M2 有过载保护，而 M3 没有过载保护？

4. CA6140 型车床电路中常见的故障

CA6140 型车床的电路中常见故障分析见表 1-31。

表 1-31　CA6140 型车床电路中常见的故障分析

故障现象	原因	排除方法
接通电源或按下启动按钮时，熔体立即熔断	电路中有短路	仔细检查电路，看是主电路还是控制电路的故障，然后逐级检查，缩小故障范围
3 台电动机的接触器均不动作，电动机均不能转动	可能是控制电路中熔断器 FU6 断开，或者电动机过载使热继电器 FR1 或 FR2 动作	逐级检查控制电路，缩小故障范围
接通电源时，没有按下按钮而主轴电动机自行启动	启动按钮被短接	检查控制电路中启动按钮 SB2 的触点及接线情况
主轴电动机只能点动控制	接触器自锁失灵。可能是触点接触不良或位置偏移、卡阻、或者连接导线松脱	检查自锁电路中接触器 KM1 的自锁触点及接线情况，将接触器 KM1 的触点进行修整或更换，或者接好导线
电动机发出异常声音而不能转动或转速很慢	电动机缺相运行，主电路某一相电路开路	检查主电路是否存在线头松脱、接触器某对主触点损坏、熔断器的熔体熔断或电动机的接线有一相断开等
主轴电动机和冷却泵电动机不能转动，快速移动电动机正常运转	主轴电动机接触器没有通电，控制电路有故障	检查主轴电动机的控制电路
主轴电动机不能停转	可能是接触器的主触点熔焊，也可能是停止按钮被卡住不能断开或被短接	检查接触器和停止按钮的触点及接线，更换触点或调整接线
刀架快速移动电动机不能运转	若接触器不动作，说明接触器线圈没有通电，则控制电路有故障；若接触器动作，说明接触器线圈已通电，控制电路完好，则主电路有故障	应先逐级检查控制电路或主电路，待故障排除后，再观察电动机是否运行
冷却泵电动机不能启动	同上	同上
3 台电动机均不能启动，电源指示灯和照明灯不亮	控制电路和信号电路没有接通电源	分别检查控制变压器输入/输出端是否正常，熔断器 FU1 是否熔断
照明灯不亮	照明灯电路有故障	检查照明灯电路是否存在线头松脱、熔断器的熔体熔断或开关 SA2 损坏等
电源指示灯不亮	电源指示电路有故障	检查电源指示电路是否存在线头松脱或熔断器的熔体熔断

边学边练

（1）CA6140 型车床主轴电动机只能点动，试分析其故障原因。

（2）操作 CA6140 型车床的主轴启动按钮 SB2，车床没有任何反应，试分析故障原因。

（3）如果 CA6140 型车床主轴电动机正常工作，而冷却泵电动机不能运转，试分析故障原因并排除故障。

二、任务实施

1. 器材准备

◆ CA6140 型车床排故电器柜 1 台。

◆ 常用电工工具 1 套。

◆ 万用表 1 只。

2. CA6140 车床电气控制电路的故障排除

1）熟悉正常电路的工作情况

首先启动机床各处的开关或按钮，观察机床动作，熟悉整台机床正常电路的工作情况。

（1）根据电气原理图在实验装置中找到对应元件，弄清接线关系。

（2）将实验装置接通电源，正确操作，观察设备正常工作过程，并填表 1-32。

表 1-32　CA6140 型车床电路的操作

操　作	现　象	
	对应的接触器	对应的电动机
（1）按下启动按钮 SB2		
（2）按下按钮 SB1		
（3）接通开关 SA2		
（4）按下按钮 SB3		
（5）松开按钮 SB3		

2）故障设置

教师设置故障，也可以同学之间相互设置故障，一次设置 1~2 个故障点。设置完成后，再次操作设备，观察机床的工作现象，然后断开电源。

3）检修故障

根据故障情况，结合电气原理图，从原理上分析产生故障的可能原因，列出可能的故障点，并在电气原理图中用虚线标出最小故障范围。逐步测试电路查找故障，然后排除。注意工具及仪表使用要安全、正确，如需带电检查，必须有教师在场监护。

4）实训记录

实验完成后，整理实验过程资料，填写实验记录表 1-33。并把实验仪器及设备上交给指导教师。

表 1-33　电路中的故障分析

故 障 现 象	故 障 原 因
1.	
2.	
3.	
4.	
5.	
6.	

 边学边练

（1）若断开电路中与按钮 SB2 并联的 KM 的动合触点，按下 SB2 然后松开，观察交流接触器和电动机的动作，与正常现象相比较有什么异常？其原理是什么？

（2）若按下按钮 SB3，M3 电动机不转，可能的原因有哪些？怎样查出故障点？

 思考与练习

（1）试分析冷却泵电动机与主轴电动机的顺序启停过程。

（2）如果 CA6140 型车床主轴电动机 M1 不能启动，试分析故障原因及排除方法。

（3）如果 CA6140 型车床主轴电动机和冷却泵电动机能正常工作，而快速移动电动机不能运转，试分析故障原因及排除方法。

任务八　X62W 型铣床电气控制线路的安装与故障检修

任务描述

X62W 型铣床通过电气控制系统可以实现其主轴的旋转运动，工作台左、右、前、后、上、下六个方向的移动，圆工作台运动，以及冷却液供给等。铣床电气控制线路与机械系统的配合十分密切，其电气线路的正常工作往往与机械系统的正常工作是分不开的，正确判断是电气还是机械故障，熟悉机电部分配合情况，是迅速排除电气故障的关键。试分析 X62W 型铣床整台设备的电气控制系统，并对电路中常见的故障分析进行排除。

任务分析

不仅要熟悉电气控制线路的工作原理，而且还要熟悉有关机械系统的工作原理及机床操作方法。根据 X62W 型万能铣床实验装置熟悉控制面板，认真分析机床的控制电路，强化对熔断器、接触器、热继电器、变压器等元器件的认识，熟悉 X62W 型万能铣床电气控制线路，根据指示灯、电动机运转情况、电气元件动作情况分析电路故障，并进行排除。

任务目标

◆ 了解 X62W 型铣床的主要结构和运动形式。

◆ 了解电气基本控制环节在 X62W 型铣床电气控制中的应用。

◆ 掌握分析整台机床电气控制线路的方法，提高读图能力。

◆ 能根据 X62W 型铣床的常见故障现象分析并排除故障。

◆ 能综合运用电气控制知识，分析、解决机床电气线路中常见的问题。

一、基础知识

1. X62W 型铣床的控制要求

1）X62W 型铣床的主要结构及运动形式

X62W 型铣床主要由底座、床身、悬梁、刀杆、工作台、溜板箱和升降台等几部分组成，如图 1-1 所示。

X62W 型铣床的运动形式包括两部分：主轴转动和工作台面的移动。主轴转动由主轴电动机通过弹性联轴器来驱动传动机构，当机构中的一个双联滑动齿轮块啮合时，主轴即可旋转；工作台面的移动由进给电动机驱动，它通过机械机构使工作台进行运动。工作台面能直接在溜板上部的导轨上作纵向（左、右）移动，借助横溜板作横向（前、后）移动，借助升降台作垂直（上、下）移动，另外还可实现圆工作台的运动。

2）X62W 型铣床对电气控制的主要要求

（1）机床要求有三台电动机控制，分别为主轴电动机、进给电动机和冷却泵电动机。

（2）由于加工时有顺铣和逆铣两种方式，所以要求主轴电动机能正/反转及在变速时能瞬时冲动一下，以利于齿轮的啮合，并要求还能制动停车和实现两地控制。

（3）工作台的三种运动形式六个方向上的移动是依靠机械的方法来达到的，对进给电动机要求能正/反转，且要求纵向、横向、垂直三种运动形式相互间应有联锁，以确保操作安全。同时，要求工作台进给变速时电动机也能瞬间冲动各方向上的快速移动。

（4）冷却泵电动机只要求单方向转动。

（5）进给电动机与主轴电动机需实现两台电动机的联锁控制，即主轴工作后才能进行进给。

2. X62W 型铣床的电气原理图

如图 1-76 所示，X62W 型铣床电气原理图由主电路、控制电路和照明电路三部分组成。

1）主电路

主电路中共有三台电动机，即主轴电动机 M1、工作台电动机 M2 和冷却泵电动机 M3，其控制与保护环节见表 1-34。

（1）M1 为主电动机，由换向组合开关 SA5 与接触器 KM1 配合进行电动机的正/反转控制。KM2 的主触点串联有两相电阻，与速度继电器配合后可实现 M1 的停车反接制动，还可以进行变速冲动控制。

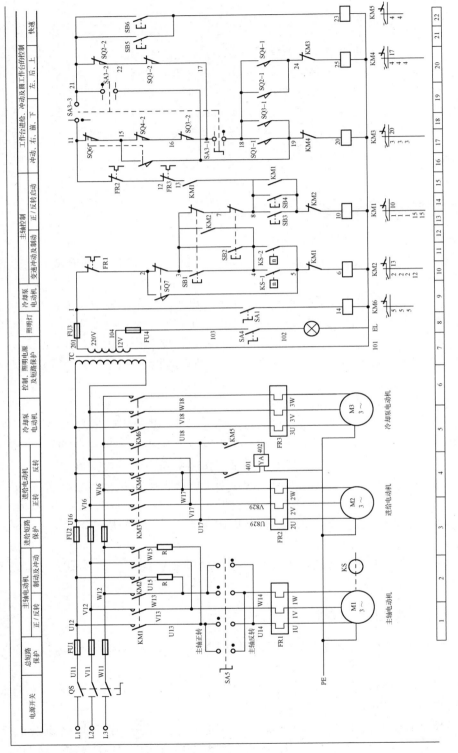

图 1-76　X62W 型卧式万能铣床的电气原理图

表 1-34　主电路的控制与保护元件

电 动 机	控 制 元 件		保 护 元 件	
	名　称	作　用	短路保护	过载保护
M1	KM1	正常运行	FU1	FR1
	KM2	反接制动		
M2	KM3	正转控制	FU2	FR2
	KM4	反转控制		
M3	KM6	正常运行	FU2	FR3

（2）M2 为进给电动机，由接触器 KM3、KM4 进行正/反转控制，控制 6 个方向上和工作台的进给运动。通过与行程开关及 KM5、牵引电磁铁 YA 配合，能实现进给变速时的瞬时冲动和快速进给控制。

（3）M3 为冷却泵电动机，由 KM6 控制。

2）控制电路

（1）主轴电动机的控制

SB1、SB3 与 SB2、SB4 是分别安装在机床两边的停止（制动）和启动按钮，实现两地控制，方便操作。

主轴电动机需启动时，要先将 SA5 扳到主轴电动机所需要的旋转方向，然后再按启动按钮 SB3 或 SB4 来启动电动机 M1。

按下SB3或SB4→KM1线圈得电┬→KM1主触头闭合→M1启动运行
　　　　　　　　　　　　　　└→KM1辅触头（8~9）自锁

控制线路的通路为：1 - 2 - 3 - 7 - 8 - 9 - 10

停止主电动机 M1 时进行反接制动（速度继电器 KS 正向触点或反向触点已闭合）：

按下SB1或SB2┬→KM1线圈断电→主电动机M1脱离电源
　　　　　　　└→KM2线圈得电自锁→电动机M1定子绕组接入反向电源，进行反接制动─┐

┌───┘
电动机转速迅速接近于零 ──→ KS触点断开 → KM2线圈断电，反接制动线束

反接制动时的通路为：1 - 2 - 3 - 4 - 5 - 6

（2）主轴变速时的瞬动（冲动）控制

主轴变速时的瞬动（冲动）控制是利用变速手柄与变速瞬动开关 SQ7 通过机械上的联动机构进行控制的。

主轴变速时先将变速手柄拉出，旋转变速盘选择好速度后再将变速手柄快速推回原位。在此过程中，变速瞬动开关 SQ7 将动作一次，使 KM1 线圈断电，KM2 线圈得电，使 M1 反向瞬时冲动一下，以利于变速后的齿轮啮合。

但要注意，不论是启动还是停止时都应以较快的速度把手柄推回原始位置，以免通电时间过长，引起 M1 转速过高而打坏齿轮。

（3）工作台进给电动机的控制

工作台的纵向、横向和垂直运动都由进给电动机 M2 驱动，接触器 KM3 和 KM4 使 M2

实现正/反转，用以改变进给运动方向。它的控制电路采用了与纵向运动机械操作手柄联动的行程开关 SQ1、SQ2 和横向及垂直运动机械操作手柄联动的行程开关 SQ3、SQ4 组成复合联锁控制。工作台有左右（纵向）操作和前后（横向）、上下（升降）十字操作两个手柄来选择移动方向，当这两个手柄都处在中间位置时，各行程开关都处于未受压的原始状态。

由原理图可知：M2 的控制电路中串入了 KM1 的自锁触点，只有主轴电动机 M1 启动后工作台才能进行进给运动。

SA3 是用来控制圆工作台的转换开关，当使用圆工作台时，SA3 – 2 接通，SA3 – 1 和 SA3 – 3 断开；当使用普通工作台时，SA3 – 1 和 SA3 – 3 接通，SA3 – 2 断开。其控制关系见表 1–35。

表 1–35　圆工作台转换开关 SA3 的位置及其触点状态

位置\触点	圆 工 作 台	
	接　通	断　开
SA3 – 1	–	+
SA3 – 2	+	–
SA3 – 3	–	+

① 工作台纵向（左右）运动的控制。

左右操作手柄有右、中、左三个位置。其控制关系见表 1–36。当扳向右面时，通过其联动机构将纵向进给离合器挂上，同时将向右进给的按钮式限位开关 SQ1 受压动作，当扳向左面时，SQ2 受压动作。工作台左右运动的行程可通过调整安装在工作台两端的撞铁位置来实现。当工作台纵向运动到极限位置时，撞铁撞动纵向操纵手柄使它回到零位，M2 停转，工作台停止运动，从而实现了纵向终端保护。

表 1–36　工作台左右进给手柄位置及其控制关系

手柄位置	位置开关动作	接触器动作	电动机 M2 转向	传动链搭合丝杠	工作台运动方向
右	SQ1	KM3	正转	左右进给丝杠	向右
中	—	—	停止	—	停止
左	SQ2	KM4	反转	左右进给丝杠	向左

（a）工作台向左运动

在 M1 启动后，将纵向操作手柄扳至向右位置，一方面机械接通纵向离合器，同时在电气上压下 SQ2，使 SQ2 – 2 断，SQ2 – 1 通，而其他控制进给运动的行程开关都处于原始位置，此时使 KM4 线圈得电，M2 反转，工作台向左进给运动。

KM4 通电的电流通路为：

SQ6（11–15）→SQ4–2（15–16）→SQ3–2（16–17）→SA3–1（17–18）→SQ2–1（18–24）┐

└→KM3（24–25）→KM4线圈

（b）工作台向右运动

当纵向操纵手柄扳至向左位置时，机械上仍然接通纵向进给离合器，但却压动了行程开关 SQ1，使 SQ1 – 2 断，SQ1 – 1 通，KM3 线圈得电，M2 正转，工作台向左进给运动。

KM3 通电的电流通路为：

SQ6（11–15）→SQ4–2（15–16）→SQ3–2（16–17）→SA3–1（17–18）→SQ1–1（18–19）—

└→KM4（19–20）→KM3线圈

② 工作台垂直（上下）和横向（前后）运动的控制

工作台的上下和前后进给运动是由一个十字操作手柄控制的。该手柄与位置开关 SQ3 和 SQ4 联动，有上、下、前、后、中 5 个位置，其控制关系见表 1–37。

表 1–37　工作台上、下、中、前、后进给手柄位置及其控制关系

手柄位置	位置开关动作	接触器动作	电动机 M2 转向	传动链搭合丝杠	工作台运动方向
上	SQ4	KM4	反转	上下进给丝杠	向上
下	SQ3	KM3	正转	上下进给丝杠	向下
中	—	—	停止	—	停止
前	SQ3	KM3	正转	前后进给丝杠	向前
后	SQ4	KM4	反转	前后进给丝杠	向后

工作台上下和前后的终端保护是利用装在床身导轨旁与工作台座上的撞铁将操纵十字手柄撞到中间位置，使 M2 断电停转。

（a）工作台向前（或者向下）运动的控制

将十字操纵手柄扳至向前（或者向下）位置时，机械上接通横向进给（或者垂直进给）离合器，同时压下 SQ3，使 SQ3 – 2 断，SQ3 – 1 通，KM3 线圈得电，M2 正转，工作台向前（或者向下）运动。

KM3 通电的电流通路为：

SA3–3（11–21）→SQ2–2（21–22）→SQ1–2（22–17）→SA3–1（17–18）→SQ3–1（18–19）—

└→KM4（19–20）→KM3线圈

（b）工作台向后（或者向上）运动的控制

将十字操纵手柄扳至向后（或者向上）位置时，机械上接通横向进给（或者垂直进给）离合器，同时压下 SQ4，使 SQ4 – 2 断，SQ4 – 1 通，使 KM4 线圈得电，M2 反转，工作台向后（或者向上）运动。

KM4 通电的电流通路为：

SA3–3（11–21）→SQ2–2（21–22）→SQ1–2（22–17）→SA3–1（17–18）→SQ4–1（18–24）—

└→KM3（24–25）→KM4线圈

③ 进给电动机变速时的瞬动（冲动）控制

变速时，为使齿轮易于啮合，进给变速与主轴变速一样设有变速冲动环节。SQ6 为进给变速的瞬动开关，使 KM3 瞬时吸合，M2 作正向瞬动。

KM3 短时通电的电流通路为：

SA3–3（11–21）→SQ2–2（22–21）→SQ1–2（22–17）→SQ3–2（17–16）→SQ4–2（16–15）┐

└→ SQ6（15–19）→KM4（19–20）→KM3线圈

由于进给变速瞬时冲动的通电回路要经过 SQ1 ~ SQ4 四个行程开关的常闭触点，因此只有当进给运动的操作手柄都在中间（停止）位置时才能实现进给变速冲动控制，以保证操作的安全。同时，与主轴变速时冲动控制一样，电动机的通电时间不能太长，以防止转速过高在变速时打坏齿轮。

（4）工作台的快速进给控制

为提高劳动生产率，要求铣床在不作铣切加工时，工作台能快速移动。

工作台快速进给也是由进给电动机 M2 来驱动的，在纵向、横向和垂直三种运动形式六个方向上都可以实现快速进给控制。

主轴电动机启动后将进给操纵手柄扳到所需位置，工作台按照选定的速度和方向作常速进给移动时再按下快速进给按钮 SB5（或 SB6），使接触器 KM5 通电吸合，接通牵引电磁铁 YA，电磁铁通过杠杆使摩擦离合器合上，减少中间传动装置，使工作台按运动方向作快速进给运动。当松开快速进给按钮时，电磁铁 YA 断电，摩擦离合器断开，快速进给运动停止，工作台仍按原常速进给时的速度继续运动。

（5）圆工作台运动的控制

圆工作台工作时，应先将进给操作手柄都扳到中间（停止）位置，然后将圆工作台组合开关 SA3 扳到圆工作台接通位置。此时 SA3 – 1 断，SA3 – 3 断，SA3 – 2 通。准备就绪后，按下主轴启动按钮 SB3 或 SB4，则接触器 KM1 与 KM3 相继得电，主轴电动机 M1 与进给电动机 M2 相继启动并运转，而进给电动机仅以正转方向带动圆工作台作定向回转运动。

圆工作台工作时的电流通路为：

SQ6（11–15）→SQ4–2（15–16）→SQ3–2（16–17）→SQ1–2（17–22）→SQ2–2（22–21）┐

└→ SA3–2（21–19）→KM4（19–20）→KM3线圈

（6）冷却泵电动机控制

旋转转换开关 SA1 可以直接控制冷却泵电动机 M3 的启停。

3）辅助电路

X62W 型铣床的照明灯 EL 由变压器 T 供给 12V 的安全电压，由 SA4 控制其开关，由熔断器 FU4 实现电路的短路保护。

 边学边练

（1）X62W 型铣床是如何实现两地控制的？
（2）分析工作台向左移动时电气线路的工作原理。

3. X62W 型铣床电路的常见故障分析

X62W 型铣床电气线路中常见的故障如下。

（1）主轴电动机不能启动。

（2）主轴电动机发出异常声音而不能转动或转速很慢。

（3）主轴电动机只能点动，不能连续运行。

上述三种故障可参考前面的方法分析。

（4）主轴停车时无制动。

主轴制动采用速度继电器进行反接制动，反接制动时 KM2 线圈通电。首先检查按下停止按钮 SB1 或 SB2 后反接制动接触器 KM2 是否吸合，若 KM2 不吸合，则故障点在控制电路部分，检查时可先操作主轴变速冲动手柄，若有冲动，故障范围就缩小到速度继电器和按钮支路上。若 KM2 吸合，则故障原因可能是主电路的 KM2 主触点和 R 制动支路中存在故障，完全没有制动作用；也可能是速度继电器 KS 的常开触点过早断开，使制动效果不明显。

（5）工作台能向前、后、上、下进给，不能向左、右进给。

工作台能向前、后、上、下进给，则 KM3 及 KM4 线圈能正常工作，说明进给电动机 M2，主电路，接触器 KM3、KM4 及纵向进给相关的公共支路都正常，而不能左、右进给，说明故障点应在以下电路：

SQ6（11–15）→ SQ4–2（15–16）→ SQ3–2（16–17）→ SA3–1（17–18）

依次检查上述元件位置，直至找到故障点并予以排除。

（6）工作台能向左、右进给，不能向前、后、上、下进给。

工作台能向左、右进给，则 KM3 及 KM4 线圈能正常工作，而不能向前、后、上、下进给，说明故障点应在前、后、上、下电路的共用通路内：

SA3–3（11–21）→ SQ2–2（21–22）→ SQ1–2（22–17）→ SA3–1（17–18）

（7）工作台各个方向都不能进给。

主轴电动机 M1 旋转后工作台才能进行进给，若工作台不能进给可先进行进给变速冲动或圆工作台控制，如果正常，则故障可能在开关 SA3 – 1 及其连线上；若进给变速冲动或圆工作台也不能工作，则要注意接触器 KM3 是否动作，如果 KM3 不能动作，可能是 KM1 自锁触点到 KM3 和 KM4 线圈之间的控制电路有故障；若 KM3 能动作，则进给电动机 M2 主电路有故障，应检查电动机的接线及绕组。

（8）工作台不能快速进给。

常见的故障原因是牵引电磁铁电路不通，多数是由线头脱落、线圈损坏或机械卡死引起的。如果按下 SB5 或 SB6 后接触器 KM5 不吸合，则故障在控制电路部分，若 KM5 能吸合，而牵引电磁铁 YA 不能吸合，可能是由于电磁铁线头脱落、线圈损坏等引起的；若牵引电磁铁吸合正常，则故障大多是由于杠杆卡死或离合器摩擦片间隙调整不当引起的。需强调的是，在检查 11 – 15 – 16 – 17 支路和 11 – 21 – 22 – 17 支路时，一定要把 SA3 开关扳到中间空挡位置，否则由于这两条支路是并联的，将检查不出故障点。

二、任务实施

1. 器材准备

◆ X62W 型铣床排故电气柜 1 台

◆ 电工常用工具 1 套

◆ 万用表 1 只

2. X62W 型铣床电气控制线路的故障排除

1）熟悉正常电路的工作情况

（1）根据电气原理图在实验装置中找到对应元件，弄清接线关系。

（2）将实验装置接通电源，正确操作，观察设备正常工作过程，并填表 1–38。

表 1–38　X62W 型铣床电路的操作

操　作	现　象		
	控制开关	对应的接触器	对应的电动机
（1）主轴启动			
（2）主轴正转			
（3）主轴反转			
（4）主轴停止			
（5）圆工作台			
（6）快速进给			
（7）冷却泵启动			
（8）普通工作台（前、下）			
（9）普通工作台（后、上）			

2）故障设置

教师设置故障，也可以同学之间互相设置故障，一次设置 1 ~ 2 个故障点。设置完成后再次操作设备，观察机床的工作现象，然后断开电源。

3）检修故障

根据故障的情况，结合电气原理图，从原理上分析产生故障的可能原因，列出可能的故障点，并在电气原理图中用虚线标出最小故障范围，逐步测试电路查找故障，然后排除。

注意工具及仪表的使用要安全、正确，如需带电检查，必须有教师在场监护。在检修过程中，教师可给予启发性的指导。

4）记录整理

实验完成后整理实验过程资料，填写实验记录表 1–39。并把实验仪器及设备上交给指导教师。

表 1–39　电路中的故障分析

故　障　现　象	故障原因及排除方法
1.	
2.	
3.	
4.	
5.	
6.	

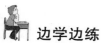 边学边练

（1）若按 SB1 停止时无制动而按下 SB2 时制动正常，观察交流接触器和电动机的动作，逐步排除故障。

（2）若按下停止按钮后主轴电动机不停转，可能的原因有哪些？怎样查出故障点？

思考与练习

（1）X62W 型铣床电气控制电路中，M1、M2、M3 三台电动机各起什么作用？它们由哪些控制环节组成？

（2）X62W 型万能铣床电气控制线路中设置主轴及进给冲动控制的作用是什么？

（3）如果工作台不能快速进给，应该怎样排除故障？

（4）圆工作台加工时，电路中有关电器应处于什么状态？

项目 2

物料分拣设备的 PLC 控制系统的安装与调试

【项目介绍】

1. 物料分拣设备的功能

物料分拣设备由机械手和传送带组成，其用来分拣生产线上金属和塑料两种材质的物料，如图 2-1 所示。其中机械手把工件从工作台上某处抓起来送到传送带上，然后由传送带把工件传送到适当的位置进行分拣。

2. 机械手和传送带的动作

设备上电时进入初始待机状态（原位）。机械手的水平臂缩回在左极限位置，垂直臂缩回在上极限位置，手爪松开。此时红色指示灯 EL1 长亮，作为初始位置指示。传送带的拖动电动机不转动。只有上述部件在初始位置时设备才能启动。若上述部件不在初始位置，红色指示灯 EL1 以亮 0.2s、灭 0.2s 的方式快速闪亮；按下复位按钮 SB3，各部件回到初始位置后，红色指示灯 EL1 变为长亮。

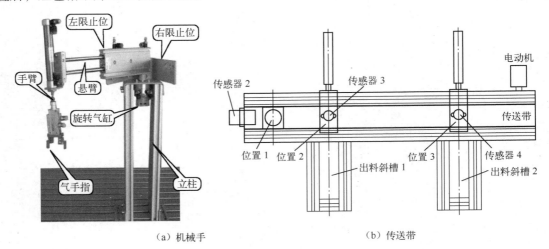

（a）机械手   （b）传送带

图 2-1　物料分拣设备

1）机械手的动作

按下启动按钮 SB1，设备启动，红色指示灯 EL1 熄灭，绿色指示灯 EL2 亮，表示设备处于正常工作状态。一旦光电传感器 1 检测到工作台上有工件放入，机械手就从原位开始动作，将工件从工作台上抓起，放到传送带上位置 1 处，然后回到原位，其动作顺序如下：

垂直臂下降→夹紧工件 3s→垂直臂上升→水平臂右转→垂直臂下降→松开工件 2s→垂直臂上升→水平臂左转，回到原位后，再次循环运行。如在工作过程中按下停止按钮 SB2，机械手把工件放到传送带后再返回初始位置停止。

机械手各方向的极限位置分别用磁性位置开关来检测，下极限位置用 SQ1，上极限位置用 SQ2，右极限位置用 SQ3，左极限位置用 SQ4，手爪夹紧开关用 SQ5（手爪夹紧其触点接通、手爪松开其触点断开）。

2）传送带的动作

传送带上设置 3 个传感器，用来检测工件。传感器 2 为光电传感器，用来检测传送带上有无工件；传感器 3 为电感式传感器，用来检测金属工件；传感器 4 为电容式传感器，用来检测塑料工件。

当工件放在位置 1 时，传感器 2 检测到传送带上有工件，电动机启动，传送带开始由左向右运行；无工件时，停止运行。

如果工件到达位置 2，被检测为金属件，将被分拣到第一个出料斜槽中；如果不是金属件而是塑料件，将被传送到位置 3，分拣到第二个出料斜槽中。

如果分拣出的金属件达到 6 个，设备进行打包处理 5s，即所有传感器检测无效，不再进行分拣动作，之后自动进入下一个周期。

在分拣过程中，如检测到连续出现 2 个塑料件时，则系统停机报警，即设备停止工作，红色指示灯 EL1 闪烁，系统不能进行检测和分拣。此时按下停止按钮 SB2，红色指示灯不再闪烁，系统回到初始上电待机状态。

如果在分拣过程中按下停止按钮 SB2，设备停止工作，恢复到上电待机状态，红灯 EL1 亮，绿灯 EL2 熄灭。

3. 项目任务

分析机械手和传送带的动作，采用适当的 PLC 控制指令，设计物料分拣设备的 PLC 控制程序并安装调试。

注：如没有物料分拣设备，每个任务均可在 PLC 实训装置上进行模拟。此处不考虑气动回路。

任务一　初识 PLC

任务描述

物料分拣设备能够自动完成不同材质的物料传送和分拣。该设备动作复杂，使用灵活，可以根据需要随时修改其功能。用继电器－接触器控制系统很难完成上述复杂动作，固定接线不能满足灵活修改的要求。

可编程控制器（PLC）是 20 世纪 60 年代末出现的一种以微处理器为核心、用软件实现各种控制功能的新型工业控制器，它克服了继电器－接触器控制系统占地面积大、能耗高、可靠性差、灵活性差等缺点，可通过编制程序实现工业控制，且具有简单易学、通用性强、程序可变、可靠性高、使用维护方便等优点。自可编程控制器出现后，其使用日益广泛，目前很多场合已逐渐取代了继电器－接触器控制系统。

通过观察相应的机电设备找出 PLC，认识其结构组成、工作原理和作用。根据提供的 PLC 控制程序，在网孔板上安装用 PLC 控制的三相交流异步电动机的正/反转控制电路并调试运行。

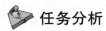 **任务分析**

任务要求了解 PLC 的结构、工作原理和作用；认识 PLC 的外部结构，正确对 PLC 进行外围接线；使用 PLC 的编程软件编程，并调试运行程序。

任务目标

- 了解 PLC 的概念及组成；
- 了解 PLC 的工作原理；
- 了解 PLC 的外部结构及接线；
- 了解 PLC 的编程语言；
- 熟悉西门子 S7-200 PLC 的 STEP7－Micro/WIN32 编程软件。

一、基础知识

早期的可编程控制器称作可编程逻辑控制器（PLC，Programmable Logic Controller），它采用一类可编程的存储器，用于其内部存储程序，执行逻辑运算、顺序控制、定时、计数等功能。随着计算机技术的发展，这种控制装置的功能远远超过了逻辑控制的范围，增加了数值运算、模拟量处理、通信等功能，成为可编程控制器（Programmable Controller），但仍然简称为 PLC。

1. PLC 的结构组成

PLC 的硬件电路由 CPU、存储器、基本 I/O 接口电路、外设接口、电源等组成。图 2-2 所示为 PLC 结构示意图。

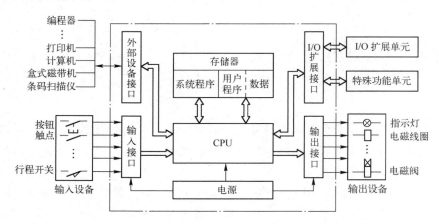

图 2-2　PLC 结构示意图

1）中央处理器（CPU）

中央处理器（CPU）是 PLC 的控制中枢，它的作用是从存储器中读取指令、执行指令、取下一条指令、处理中断等。CPU 通过数据总线（Data Bus）、地址总线（Address Bus）和控制总线（Control Bus）与 I/O 接口电路、存储单元电路连接。

2）存储器

存储器主要用于存放系统程序、用户程序和工作数据。PLC 常用的存储器类型有 RAM、ROM、EPROM、EEPROM 等。

存储器分为三类：存放系统程序的存储器称为系统程序存储器，存放在只读存储器 EPROM 中；存放应用程序的存储器称为用户程序存储器，存放在随机存储器 RAM 中，掉电时保存在 EEPROM 或由高能电池支持的 RAM 中；存放工作数据的存储器称为数据存储器，存放于 RAM 中。

3）I/O 接口电路

（1）输入接口电路

PLC 的输入接口电路用于接收外部各种控制信号，将其转换成 CPU 能够识别的信号，并存入输入映像寄存器。外部信号包括开关量信号，如限位开关、操作按钮、行程开关、传感器等的输出，或模拟量信号，如电位器、热电偶等的输出。如图 2-3（a）所示为由按钮、行程开关产生的开关量信号输入接口电路原理图。

（2）输出接口电路

PLC 的输出接口电路用于将 PLC 处理后的输出信号转换成执行机构所需的控制信号，存放到输出映像寄存器中。输出接口电路将其由弱电控制信号转换成现场需要的强电信号，以驱动接触器、电磁阀、指示灯、报警喇叭等。模拟输出模块用来控制调节阀、变频器等执行装置。如图 2-3（b）所示是 PLC 继电器的输出模块电路，将运算结果通过输出接口电路输出给驱动指示灯和交流接触器。

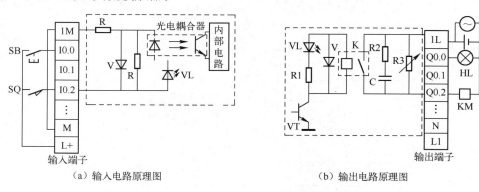

（a）输入电路原理图　　　　　　　　　（b）输出电路原理图

图 2-3　PLC 的 I/O 接口电路

开关量输出接口按 PLC 内部所使用的器件可分为继电器输出型，晶体管输出型和晶闸管输出型。每种输出电路都采用电气隔离技术。输出接口本身都不带电源，电源由外部提供，而且在考虑外接电源时，还需考虑输出器件的类型。继电器型输出接口可用于交流及直流两种电源，但接通和断开的频率低；晶体管型输出接口有较高的通断频率，但只适用于直流驱动的场合；晶闸管型输出接口仅适用于交流驱动场合。

4）I/O 扩展接口电路

I/O 扩展接口电路用于连接 I/O 扩展单元，可以增加开关量 I/O 点数或模拟量 I/O 端子。扩展单元需和基本单元配合使用，不能单独使用。有的 CPU 可以扩展，有的不能。SI-EMENS 的 S7–200 系列 PLC 的 CPU221 不能扩展，CPU222 最多有 2 个扩展模块，CPU224 和 CPU226 最多有 7 个扩展模块。

5）电源

PLC 一般使用 220V 的交流电源或 24V 的直流电源作为工作电源。整体式小型 PLC 还提供 24V 直流电源，供外部输入元件使用。为了避免干扰和运行的稳定性，PLC 输入接口与输出接口电路的电源应彼此相互独立。

6）外设通信接口电路

PLC 通信接口主要为了实现"人 – 机"或"机 – 机"之间的对话，PLC 通过通信接口可以与打印机、计算机、扫描仪、触摸屏等外部设备相连，也可以与其他 PLC 相连。

7）其他部件

PLC 还可以配存储器卡、电池卡等。

2. PLC 的工作原理及等效电路

PLC 可看成是由普通继电器、定时器、计数器等组合而成的电气控制系统。PLC 内部的继电器实际上是指存储器中的存储单元，称为软继电器。当输入到存储单元的逻辑状态为 1 时，表示相应继电器的线圈通电，其常开触点闭合，常闭触点断开；而当输入到存储单元的逻辑状态为 0 时，表示相应继电器的线圈断电，其常开触点断开，常闭触点闭合。所以这些软继电器体积小、功耗低、无触点、速度快、寿命长，并且具有无限多的常开、常闭触点供程序使用。

以直接启动的控制电路为例，用 PLC 来实现控制。其 PLC 外部接线及内部等效电路如图 2-4 所示。由图可知，可将 PLC 分成 3 部分：输入部分、内部控制电路和输出部分。

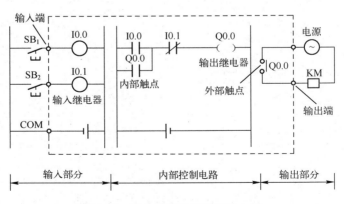

图 2-4　PLC 的接线图及等效电路

（1）输入部分

由输入接线端与等效输入继电器组成。输入继电器由接入输入端点的外部信号来驱动，其作用是收集被控制设备的各种信息或操作命令。

（2）内部控制电路

由大规模集成电路构成的微处理器和存储器组成，经过 PLC 制造厂家的开发，为用户提供部件。内部控制电路的部件包括输出继电器、定时器、计数器、移位寄存器等，这些部件也有许多对常开触点和常闭触点供 PLC 内部使用。PLC 内部控制电路的作用是处理由输入部分所取得的信息，并根据用户程序的要求，使输出达到预定的控制要求。

（3）输出部分

作用是驱动被控制的设备按程序的要求动作。对应每一条输出电路，相当于一个输出继电器，此输出继电器有一个对外常开触点与输出端相连，其余均为供 PLC 内部使用的常开触点和常闭触点。当输出继电器接通时，对外常开触点闭合，外部执行元件可以通电动作。

图 2-4 中的梯形图，实际上就是用户所编写的应用程序，等效于 PLC 内部的接线图。当用开发装置将梯形图程序送入 PLC 内时，PLC 就可以按照程序进行工作了。

电路的工作过程如下。

当启动按钮 SB1 闭合时，输入继电器 I0.0 接通，其常开触点 I0.0 闭合，输出继电器 Q0.0 接通，Q0.0 的常开触点闭合自锁，同时外部常开触点 Q0.0 闭合，使接触器线圈 KM 通电，电动机连续运行。停机时按停机按钮 SB2，输入继电器 I0.1 接通，其常闭触点断开，线圈 Q0.0 断开，电动机停止运行。要注意的是，因与停机按钮相连的输入继电器 I0.1 采用的是常闭触点，所以停机按钮必须采用常开触点，这与继电 - 接触器控制电路不同。

3. PLC 的工作过程

PLC 的 CPU 连续执行用户程序的循环工作过程称为循环扫描。用户程序运行一次所需的时间叫做 PLC 的一个机器扫描周期。

PLC 的扫描工作过程可分为 5 个阶段：CPU 自诊断、通信处理、输入处理、程序执行、输出处理。

1）CPU 自诊断

CPU 检查硬件、用户程序存储器和所有的 I/O 模块状态，如果发现异常，则停机并显示报警信息。

2）通信处理

CPU 处理从通信端口接收到的信息。

PLC 后三个阶段的扫描工作过程可用图 2-5 表示。

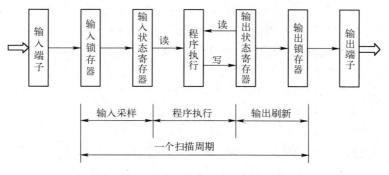

图 2-5　PLC 的扫描工作过程示意图

3）输入采样

PLC 的输入接口电路把检测到的开关量的通/断状态转化为 PLC 能够识别的高/低电平，CPU 在每个扫描周期的开始扫描输入模块的信号，将其状态送入输入映像寄存器区域，即输入映像寄存器被刷新。在程序执行阶段，输入映像寄存器与外界隔离，即使输入端信号发生改变，其映像寄存器的内容仍保持不变，即集中输入只有在下一个扫描周期的输入采样阶段才能被读入。

4）程序执行

PLC 按照梯形图的顺序，先左后右，自上而下逐行扫描，执行用户程序。

当指令中的运行结果涉及输入、输出状态时，PLC 就从映像寄存器中"读入"采集到的对应端子状态，按照程序进行处理，处理结果存入输出映像寄存器。

5）输出刷新

程序执行完毕后，所有输出映像寄存器的状态在输出刷新阶段存储到输出锁存器中，最后集中输出，通过隔离电路驱动功率放大电路，使输出端子向外界输出控制信号，驱动负载。输出映像寄存器的状态在下一个输出刷新阶段开始之前保持改变，即集中输出。

当 PLC 处于 STOP 状态时，只进行 CPU 自诊断和处理通信等内容。在 PLC 处于 RUN 状态时，从 CPU 自诊断、处理通信，到输入扫描、程序执行、输出处理，周期性循环工作。

若诊断内部硬件电路正常、无通信服务要求时，PLC 扫描过程就只剩下三个主要阶段，即输入采样、程序执行、输出刷新。

4. PLC 的分类

目前 PLC 的主要品牌有美国 AB、和利时、ABB、松下、西门子、三菱、欧姆龙、台达、富士、施耐德、创研等。本教材以西门子 S7–200 系列 PLC 为例讲解。

1）按结构形式分类

（1）整体式

整体式即将 PLC 的基本部件，如 CPU、输入/输出接口、电源等安装在一个机壳内构成一个整体，构成 PLC 的主机。整体式 PLC 体积小、成本低、安装方便，微型和小型 PLC 一般为整体式。

（2）模块式

模块式 PLC 由一些模块单元组成，包括 CPU 模块、输入/输出模块、电源模块和各种功能模块等，各个模块相互独立，可根据需要灵活配置。模块式 PLC 功能强，硬件组态灵活、方便，较复杂、要求较高的大中型 PLC 多采用模块式。

2）按 I/O 点数容量分类

PLC 输入/输出端子的数目之和叫做输入/输出点数，简称 I/O 点数。PLC 按 I/O 点数可分为小型机、中型机、大型机。

（1）小型机

小型 PLC 的点数为 0～128 点，一般处理开关量逻辑控制，还具有较强的通信能力和模拟量处理能力。小型 PLC 价格低、体积小，适用于单机设备和设计机电一体化产品，如西门子（SIEMENS）公司的 S7-200 系列、三菱公司的 MODICONPC-085 系列等。

（2）中型机

中型 PLC 的点数为 128～2048 点，具有极强的开关量逻辑控制功能和强大的通信联网功能及模拟量处理能力。中型机比小型机指令系统更丰富，适用于复杂的逻辑控制系统及连续生产线的过程控制，如西门子（SIEMENS）公司的 S7-300 系列、欧姆龙（OMRON）公司的 C200H 系列等。

（3）大型机

大型 PLC 的点数在 2048 点以上，具有计算、控制、调节功能，具有强大的网络结构和通信联网能力，数据存储容量大，配备多种智能板，构成多功能的控制系统。大型 PLC 适用于设备自动化控制、过程自动化控制和过程监控系统，如西门子（SIEMENS）公司的 S7-400 系列、欧姆龙（OMRON）的 CS1 和 CVM1 系列等。

5. S7-200 系列 PLC 的外部结构和接线

S7-200 系列是德国西门子（SIEMENS）公司生产的小型 PLC，有 CPU21X 和 CPU22X 两代产品，其中 CPU22X 型有 CPU221、CPU222、CPU224 和 CPU226 四种基本型号。

1）外部结构

图 2-6 为 CPU224 型的西门子 S7-200 PLC，其外部结构包括以下部分。

（1）底部端子盖。底部端子盖下面有接收外部信号的输入端子，以及为输入端工作提供电源的直流 24V 电源端子（当使用有源触点传感器时为传感器提供电源）。

（2）顶部端子盖。顶部端子盖下面有为 PLC 工作提供电源的端子（直流电源为 24V DC，端子为 L+、M；交流电源为 120/240V AC，端子为 L1、N），以及用 PLC 运算结果输出来驱动外部元件的输出端子，驱动接触器线圈、电磁阀线圈、指示灯等。

（3）前盖。前盖下面有控制 PLC 的 CPU 运行/停止的 RUN/STOP 开关、模拟电位器，以及对 PLC 主机模块进行扩展的 I/O 接口。

（4）状态 LED 指示灯。

（5）数据存储卡。

（6）通信口，以及连接计算机、编程器等的外部输入设备。

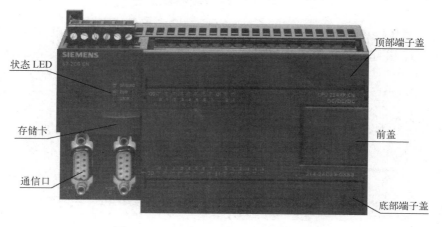

图 2-6　S7-200 系列 PLC 主机外部结构

PLC 的背面有固定用螺栓孔、DIN 夹子，用于其固定。

PLC 主机表面印有文字，S7–200 表示西门子 PLC 系列，CPU22× 表示 CPU 型号，"DC/DC/DC" 表示是 "直流电源/直流输入/直流输出（晶体管）" 型的，"AC/DC/Relay" 表示是 "交流电源/直流输入/交直流输出（继电器）" 型的等。

2）外部接线

CPU22X 系列 PLC 的 I/O 点数见表 2–1。

表 2–1　CPU22X 系列 PLC 主机的 I/O 点数及可扩展模块数

型　　号	主机输入点数	主机输出点数	可扩展模块
CPU221	6	4	无
CPU222	8	6	2
CPU224	14	10	7
CPU226	24	16	7

例如：CPU224 型 PLC 有 I0.0 ~ I0.7，I1.0 ~ I1.5 共 14 个输入点，Q0.0 ~ Q0.7，Q1.0 ~ Q1.1 共 10 个输出点，其输入/输出总点数为 24 点。

（1）输入端接线（如图 2–7 所示）

输入端接入按钮、继电器触点、行程开关等无源触点（也称干接点）元件及两线制传感器等元件，如图 2–7 所示。

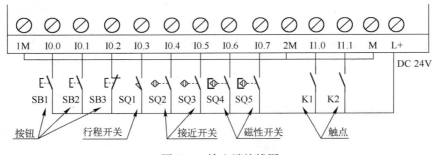

图 2–7　输入端接线图

（2）输出端接线

PLC 的输出端可以直接驱动接触器、继电器、电磁阀、指示灯等。输出端接线图如图 2–8 所示。

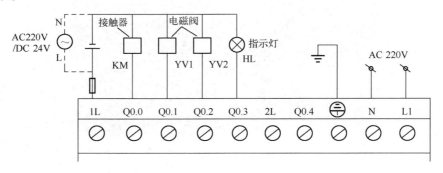

图 2–8　输出端接线图

6. S7-200 系列 PLC 的编程元件

PLC 可以看成是由继电器、定时器、计数器等元件构成的组合体，其指令针对元件的状态，用程序实现元件之间的逻辑连接，这些元件在实际中并不存在，所以叫做软元件。PLC 的编程元件实质上是数据存储器单元，数据存储区为每一种元器件分配一个存储区域，每个存储区域用字母表示器件的类型，用字母加数字表示数据的存储地址。

存储单元按字节编址，每个字节由 8 个位组成，每 1 位都可以看成是有 0、1 两种状态的元件。

1）输入映像寄存器（I）

输入映像寄存器也叫输入继电器，其外部有一对物理的输入端子与之对应。输入继电器的每一位对应一个数字量输入接点，如外部的按钮、行程开关、传感器等的输入信号，其触点的通断状态由外部信号驱动，不能用程序指令驱动。在每次扫描周期的开始，CPU 对输入点进行采样，并将采样值存于输入映像寄存器中。采样值相当于输入继电器的动断和动合触点，供用户编程使用。

S7-200PLC 提供的输入映像寄存器的地址范围为 I0.0～I15.7，共 128 个。128 个地址指的是 PLC 输入端扩展后不能超过的地址数。

2）输出映像寄存器（Q）

输出映像寄存器也叫输出继电器，其外部有一对物理的输出端子与之对应。输出继电器线圈只能使用程序指令驱动，其动合触点和动断触点可供用户编程使用无限次，但每一个输出继电器只有唯一的一个动合触点连接负载。在扫描周期的最后，CPU 将输出映像寄存器的数值传递给负载。

S7-200PLC 提供的输出映像寄存器地址范围为 Q0.0～Q15.7，共 128 个。128 个地址指的是 PLC 输出端扩展后不能超过的地址数。只有需要驱动外部负载时，才用到输出继电器。

3）位存储器（M）

位存储器又称为辅助继电器或中间继电器，其作用类似于继电器控制回路里的中间继电器。用于存储中间操作数或其他控制信息。位存储器与外部无任何联系，其线圈只能使用程序指令驱动，其动合触点和动断触点供用户编程使用无限次。位存储器主要按位来存储信息，也可以以字节、字或双字为单位来存储数据。

S7-200PLC 提供的位存储器地址范围为 M0.0～M31.7，共 256 个。

4）特殊标志位存储器（SM）

特殊标志位存储器又称特殊继电器。它提供了 CPU 和用户程序之间传递信息的方法，用于存储系统的状态变量、有关控制参数和信息等。用户可以使用这些位选择和控制 S7-200PLC 中 CPU 的一些特殊功能。S7-200PLC 提供的特殊存储器地址范围为 SM0.0～SM299.7，共 2400 个，其中只读型的特殊继电器为 SM0.0～SM29.0。

例如，只读字节 SMB0 特殊标志位的定义如下。

SM0.0：RUN 监控，PLC 在运行状态，该位始终为 1。

SM0.1：首次扫描时为 1，PLC 由 STOP 转为 RUN 状态时，ON（状态为 1）一个扫描周期，常用作初始化脉冲。

SM0.2：当 RAM 数据丢失时，ON 一个扫描周期，用于出错处理。

5）定时器（T）

定时器的作用相当于时间继电器，用于延时控制。

S7-200PLC 提供三种不同类型的定时器，分别是通电延时定时器（TON）、断电延时定时器（TOF）、有记忆的通电延时定时器（TONR）。每种类型的定时器都有 3 种时间基准：1ms、10ms、100ms。定时器的当前值寄存器按位存储，输入条件满足时，每隔一个时间基准，定时器的当前值从 0 开始增 1。其动合触点和动断触点供用户编程使用。

S7-200PLC 提供了 256 个定时器（T），编址范围为 T0～T255。

6）计数器（C）

计数器用来累计输入脉冲的个数，即元件状态变化脉冲电平由低到高的次数。

S7-200PLC 提供了三种不同类型的计数器，即增计数器（CTU）、减计数器（CTD）、增减计数器（CTUD）。

计数器有一个当前值（16 位符号整数）寄存器和 1 位状态位。当计数器的当前值大于或等于预设值时，状态位置为"1"。

S7-200PLC 提供了 256 个计数器（C），编址范围为 C0～C255。

7）顺序控制继电器（S）

顺序控制继电器用在顺序控制中，每一个 S 位表示顺序功能图中的一种状态，和顺序控制指令配合使用实现顺序控制。顺序控制继电器与外部无任何联系，其线圈只能使用程序指令驱动，其动合触点和动断触点供用户编程使用。

S7-200PLC 提供了 256 个顺序控制继电器 S，编址范围为 S0.0～S31.7。

S7-200PLC 还提供了下列存储区域：变量存储器（V）、局部存储器（L）、模拟量输入／输出映像寄存器（AI/AQ）、累加器（AC）、高速计数器（HC）等。

7. PLC 的编程语言

S7-200 系列 PLC 支持 SIMATIC 和 IEC1131-3 两种类型的基本指令集，两种指令系统不兼容。IEC1131-3 指令集是国际电工委员会（IEC）PLC 编程标准提供的指令系统，适用于不同厂家的 PLC，有 LAD 和 FBD 两种编程器。SIMATIC 指令集是西门子公司 PLC 专用的指令集，具有专用性强，执行速度快等优点，可提供梯形图（LAD）、语句表（STL）、功能块图（FBD）、顺序功能图（SFC）等多种编程语言。

1）梯形图语言（LAD，Ladder Diagram）

梯形图是从继电器控制系统原理图的基础上演变而来的，继承了继电器控制系统中基本工作原理和电气逻辑关系的表示方法，梯形图的最大特点是直观、清晰、简单易学。

梯形图指令有三种基本形式：触点、线圈和指令盒。触点表示输入条件，如开关、按钮控制的输入映像寄存器状态和内部寄存器状态等。线圈表示输出结果，PLC 输出点可直接驱动继电器、接触器线圈和指示灯等。指令盒代表一些功能较复杂的附加指令，例如，定时器、计数器或数学运算指令等。

梯形图左边的线称为左母线，母线之间是触点的逻辑连接和线圈的输出。当程序执行时就像继电器电路里有电流流过一样。梯形图的电流并不实际存在，是一种概念电流。梯形图编程语言如图 2-9（a）所示。

2）语句表（STL，Statement List）

语句表是使用指令助记符创建控制程序的。STL 是手持式编程器唯一能够使用的编程语言，是一种面向机器的语言，指令简单，执行速度快，适合熟悉 PLC 并且有逻辑编程经验的程序员编程。STEP 7-Micro/WIN32 编程软件具有梯形图和语句表的相互转换功能。语句表编程语言如图 2-9（b）所示。

3）功能块图（FBD，Function Block Diagram）

功能块图是利用逻辑门图形组成的功能块图指令。STEP 7-Micro/WIN32 编程软件的 LAD、STL、FBD 之间可以自动转换。功能块图编程语言如图 2-9（c）所示。

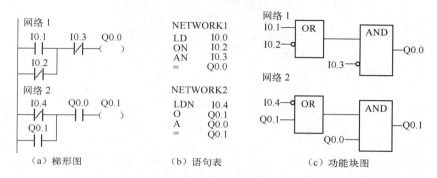

图 2-9 编程语言举例

4）顺序功能图（SFC，Sequential Function Chart）

SFC 是一种典型的图形化编程方法。它对于解决复杂的顺序控制问题非常方便。在 S7-200PLC 中它并不是一种编程语言，只是提供了几条指令，使用这些指令可以完成一般功能图程序的设计。

8. PLC 的编程软件

STEP7-Micro/WIN32 编程软件是针对西门子公司 S7-200 系列的专用编程软件。它功能强大，主要供用户开发控制程序使用，同时也可以实时监控用户程序的执行状态。

1）STEP7-Micro/WIN32 编程软件的安装

计算机硬件要求采用 486 或更高配置，计算机操作系统要求 Windows95 以上的操作系统。安装步骤如下。

① 将光盘插入光盘驱动器，系统自动进入安装向导；或在安装目录里双击 Setup. exe，进入安装向导。

② 像大多数应用软件的安装方法一样，按照安装向导一直单击"Next"（下一步）按钮即可完成软件的安装。在选择软件程序的安装路径时可以使用默认目录，也可以单击"Browse"（浏览）按钮，在弹出的对话框中任意选择或新建一个目录。

③ 在安装结束时，会弹出下面的对话框选项：

Yes，I want to restart my computer now.（是，我现在要重新启动计算机）

No，I will restart my computer later.（否，我稍后再重启计算机）

选择默认项，单击"Finish"（完成）按钮，完成安装。

2）通信连接

S7-200PLC 中 CPU 与个人计算机之间的通信有两种方式：一种是采用专用的 PC/PPI 电缆，另一种是采用 MPI 卡和普通电缆。采用这两种方式可以实现个人计算机与一台或多台 PLC 之间的连接。

用 PC/PPI 电缆建立计算机与 PLC 之间的通信是把 PC/PPI 电缆的 PC 端连接到计算机的 RS-232 通信接口，以及把 PPI 端连接到 PLC 的 RS-485 通信接口。如图 2-10 所示。

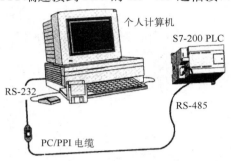

图 2-10　PLC 与计算机主机的连接

双击 "▣" 图标，打开 STEP7–Micro/WIN 32 编程软件，其主界面如图 2–11 所示。主界面包括以下几个部分：菜单条（包含 8 个主菜单项）、工具条（快捷按钮）、浏览条（快捷操作窗口）、指令树（快捷操作窗口）、输出窗口等。

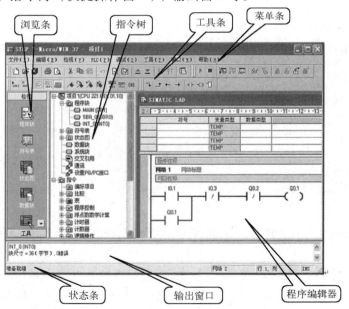

图 2–11　STEP7–Micro/WIN32 的窗口组件

建立通信步骤如下。

（1）打开 "V4.0 STEP7–Micro/WIN 32" 编程软件，如图 2–11 所示。双击指令树 "项目" 目录下的图标 "▣ CPU 221 rel O1.1C"，会出现如图 2–12 所示的对话框，设置 PLC 的类型及 CPU 的版本。

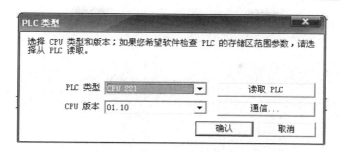

图 2-12　设置 PLC 的类型及 CPU 的版本

（2）将编程设备（如计算机）的通信地址设为 0，CPU 的默认地址为 2。

（3）计算机的接口一般使用 COM1 或 USB。

（4）传输波特率设为 9.6Kb/s。

（5）计算机与 PLC 建立了在线联系后，可设置 PLC 的通信参数。

单击浏览条中的系统块图标""，或从"检视（View）"菜单中选择"系统块（System Block）"选项，将出现如图 2-13 所示的系统块对话框。

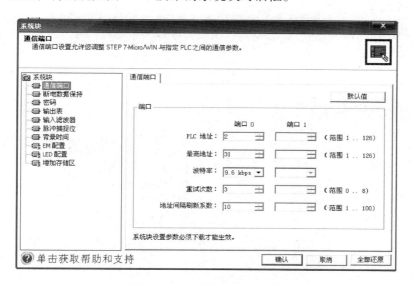

图 2-13　"系统块"对话框

在指令树"系统块"下单击"通信端口"选项，检查各参数无误后，单击"确认"按钮。若需修改某些参数，可先进行有关的修改，再单击"确认"按钮，然后退出。单击工具条中的下载按钮"▼"，可把修改后的参数下载到 PLC。

（6）PLC 与计算机的通信。

单击浏览条中的"▣"通信图标，进入通信对话框，如图 2-14 所示，双击刷新。STEP 7-Micro/WIN V4.0 搜索并显示已连接的 S7-200PLC 的 CPU 图标。

选择相应的 S7-200 CPU 并单击"确认"按钮。如果 STEP 7-Micro/WIN V4.0 未能找到 S7-200 CPU，应单击设置 PC/PG 接口按钮"▣"，出现如图 2-15 所示的对话框，选择

"PC/PPI cable（PPI）"接口，双击后进入"属性 – PC/PPI cable（PPI）"界面，设置 PC/PPI cable（PPI）参数，单击"确定"按钮，通信设置完成。

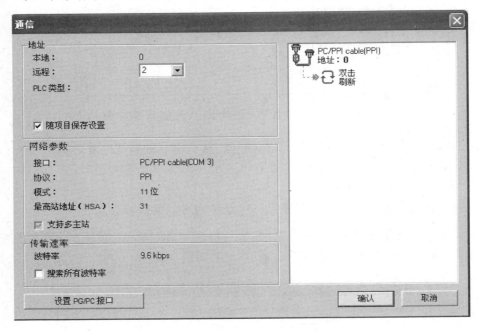

图 2-14　PLC 与计算机的通信

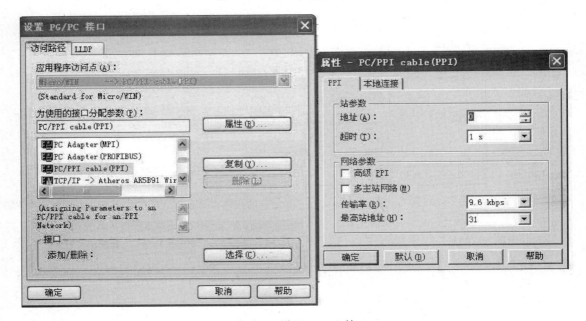

图 2-15　设置 PC/PG 接口

3）软件汉化

对于 V3.2 以上版本，在安装好英文版编程软件后，按如下操作完成汉化：

打开 STEP7– Micro/WIN32 编程软件，选择"Tools"（工具）选项，再选择"Options"

（选项），弹出 Options 对话框，选择 General（常规）标签，在 Language（语言）框中选择 Chinese（中文），然后单击 "OK" 按钮，如图 2-16 所示，该软件会自动关闭，以后再打开使用时即为中文版了。

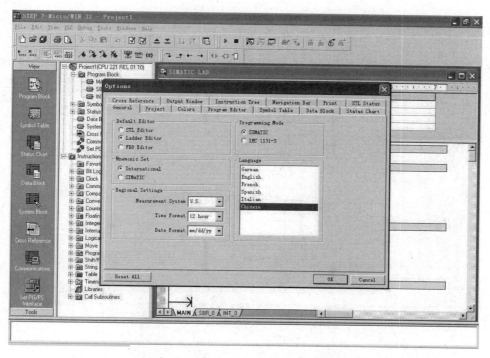

图 2-16 STEP7-Micro/WIN32 编程软件的汉化

4）程序编辑

（1）建立程序

单击工具栏中的新建按钮 ，或单击 "文件" 菜单中的 "新建" 选项，可以建立一个新的程序文件。

（2）梯形图的编辑

可用梯形图、语句表或功能图表编程器编写程序，或在联机状态下从 PLC 上载用户程序进行读程序或修改程序。在程序编辑器的底部有主程序、子程序和中断服务程序标签，单击这些标签，可以在程序编辑器窗口实现主程序、子程序和中断服务程序之间的切换，如图 2-17 所示。

梯形图的编辑可用绘图工具条、指令树、快捷键三种方式完成。

方式一：绘图工具条包括连接线和触点、线圈、指令盒图标。

其中，" "为向下连线、" "为向上连线、" "为左连线、" "为右连线，这些图标均用于输入连接线。"┤├"为触点，"－( )"为线圈，"▯"为指令盒。

方式二：指令树显示所有的项目对象和创建程序所需的指令。

可以将指令从指令树拖到应用程序中，也可以双击指令树中的指令将其插入到程序编辑器中的光标所在处。

方式三：触点、线圈、指令盒也可以分别用键盘上的快捷键"F4"、"F6"、"F9"绘制，或者双击指令树中对应的图标来绘制，梯形图连接线的输入可用"Ctrl" + "'→' '←'·'↑'·'↓'"来输入。

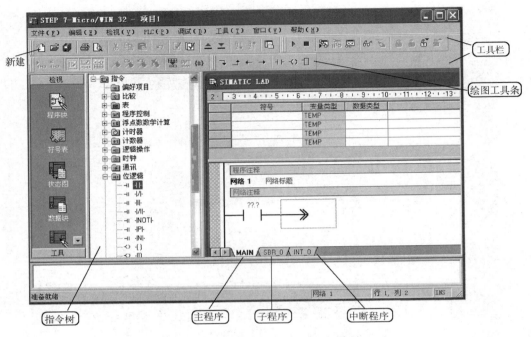

图 2-17　STEP7-Micro/WIN32 界面

（3）插入和删除

编程中经常需要插入和删除一行、一列、一个网格、一个子程序或中断程序等，实现的方法有三种：

① 在编程区右击要进行操作的位置，弹出下拉菜单，选择"插入"或"删除"选项，在弹出的子菜单中单击要插入或删除的项，然后进行编辑；

② 也可用"编辑"菜单中的命令进行上述操作；

③ 若用键盘操作，"F3"为增加网络，"Shift + F3"为删除网络。

（4）编程语言的转换

STEP7-Micro/WIN32 软件可以实现三种编程语言之间的相互转换。选择"检视"菜单，然后单击 STL、LAD 或 FBD 即可进入相应的编程环境。使用最多的是 STL 和 LAD 之间的互相切换，STL 的编程可以按照或不按照网络块的结构顺序编程，但 STL 只有在严格按照网络块编程的格式下编程才能转换成 LAD，不然无法实现转换；编译好的 LAD 也可转换成 STL。

5）上载、下载程序

"▲"为上载按钮，是将 PLC 中的程序上传到 STEP7-Micro/WIN 32 中，用来对程序进行编辑修改，也可保存起来（PLC 下载新的程序会覆盖掉原来的程序），避免丢失。

"▼"为下载按钮，是将 STEP7-Micro/WIN 32 中的程序下载到 PLC 里。

6）停止、运行及程序监控

（1）运行按钮 "▶"。当 PLC 的 CPU 状态开关拨到 RUN（运行）或 TERM（暂停）状态时，单击运行按钮，CPU 处于运行状态，PLC 状态指示灯 RUN（运行）亮。

（2）停止按钮 "■"。单击停止按钮时，PLC 状态指示灯 STOP（停止）亮。

（3）程序状态监控 "🔁"。程序在 PLC 中执行时，可以监视和修改输入、输出或者变量的当前值，但无法监视常数、累加器和局部变量的状态，也可用 "状态表监控🔁"、"趋势图🔁" 两种方式监控。

7）符号表

符号表用来定义变量的符号地址，也可以为常数指定符号名。在程序中可以创建多个符号表，但无论在同一个还是在不同的符号表中，符号地址和绝对地址是一一对应的。

符号表创建完成后，可以用符号地址或绝对地址来输入指令操作数。如图 2-18 所示，在编辑程序时，既可以输入符号地址 "KM1"，也可以输入绝对地址 "Q0.1"。当符号表创建完成后，单击菜单栏里 "检视（View）"，再在下拉菜单里单击 "符号寻址（A）" 按钮，其上出现 "√" 后，再看程序编辑器里的梯形图，如图 2-19 所示。

图 符号表

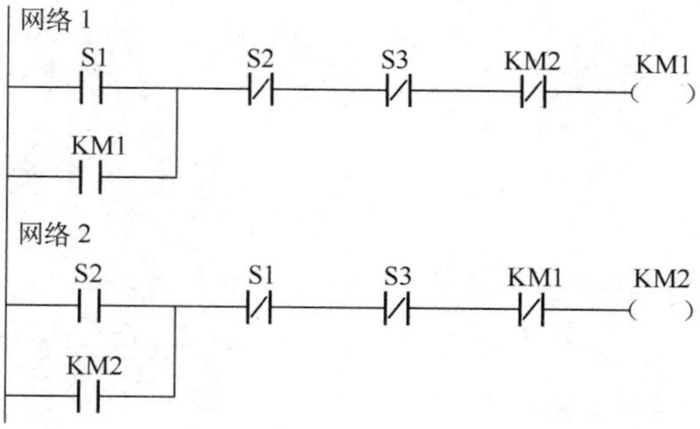

图 2-19　输入符号地址后的梯形图程序

8）输出窗口

该窗口用来显示程序编译的结果信息，如各程序块（主程序、子程序的数量及子程序号、中断程序的数量及中断程序号）及各块的大小、编译结果有无错误及错误的编码和位置等，如图 2-20 所示。

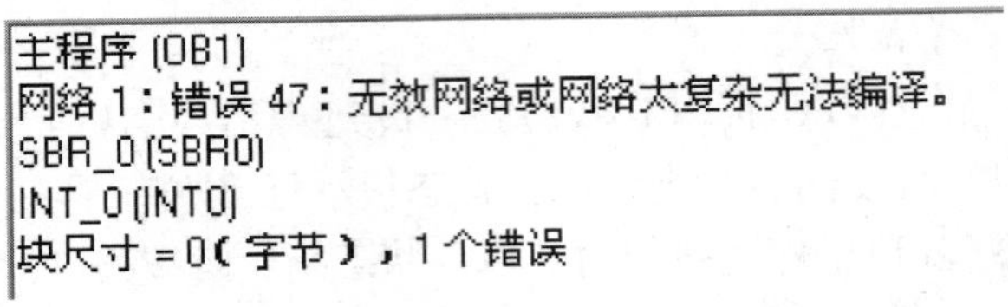

```
主程序 (OB1)
网络 1：错误 47：无效网络或网络太复杂无法编译。
SBR_0 (SBR0)
INT_0 (INT0)
块尺寸 = 0（字节），1 个错误
```

图 2-20　输出窗口信息

 边学边练

（1）打开 PLC 编程软件，编写如图 2-9 所示的梯形图程序，并观察其语句表及功能图程序。

（2）用 PLC 编程软件编写如图 2-19 所示的梯形图程序，并编写其符号表。

二、任务实施

1. 器材准备

◆ 可编程控制器实训装置 1 台。

◆ 装有编程软件的计算机 1 台。

◆ PC/PPI 通信电缆线 1 根。

◆ 导线若干。

2. 实训内容

（1）对照整体式 PLC 的结构示意图，找出 CPU、输入/输出接口电路、存储器、电源等主要组成部分。

（2）练习使用 PLC 编程软件。

编写三相异步电动机正/反转电路的 PLC 程序，如图 2-19 所示。然后将程序下载至 PLC，并进行程序的编辑、运行及监视。

① 连接计算机与 PLC 主机单元之间的通信电缆；

② PLC 接电源；

③ 将西门子 PLC 的 STEP7–Micro/WIN32 编程软件装入计算机，并对软件进行汉化处理，用 PC/PPI 编程电缆连接计算机与 PLC；

④ 用 STEP7–Micro/WIN32 编写梯形图及语句表程序；

⑤ 下载程序至 PLC；

⑥ 连接 PLC 输入/输出接口。

按照电路的控制要求拨动面板上的开关，运行并调试程序。观察实验现象，判断是否能实现程序功能。若不能，则检查程序并修改，直至正确为止。

3. 实训记录

（1）记录 PLC 主机外观各部分的名称及作用。

（2）描述用 PLC 控制电动机正/反转工作时的现象，并填写表 2-2。

表 2-2　PLC 工作时的现象

操　作	现　象	
	PLC 输入元件	PLC 输出元件
（1）按下 S1 按钮		
（2）按下 S2 按钮		
（3）按下 S3 按钮		

（3）记录实验过程中出现的程序问题、接线问题及所采取的处理方法。

三、知识拓展

1. 可编程序控制器（PLC）的产生

20 世纪 60 年代，美国汽车制造业竞争激烈，汽车型号不断更新，这就要求生产线的控制系统随之改变，为克服继电器-接触器控制系统体积大、可靠性差、灵活性差的缺点，美国通用汽车公司在 1968 年公开招标，对新的汽车流水线控制装置提出了 10 项招标指标：

① 编程方便，现场可修改程序；

② 维修方便，采用模块化结构；

③ 可靠性高于继电器控制装置；

④ 体积小于继电器控制装置；

⑤ 数据可直接送入管理计算机；

⑥ 成本可与继电器控制装置竞争；

⑦ 输入可以是交流 115V（美国市电电压标准）；

⑧ 输出为交流 115V 2A 以上，能直接驱动电磁阀接触器等；

⑨ 在扩展时原系统只要很小变更；

⑩ 用户程序存储器容量至少能扩展到 4KB。

1969 年美国数字设备公司（DEC）根据上述 10 项要求，研制出世界上第一台可编程控制器（PLC，Programmable Logic Controller），型号是 PDP-14，在美国通用汽车自动装配线上试用，并获得成功。

这种新型的工业控制装置以其简单易懂，操作方便，可靠性高，通用灵活，体积小，使用寿命长等一系列优点，很快在美国其他工业领域推广，如应用于制造、汽车、轻工、交通运输、环保，以及文化娱乐等各种行业。如今，随着计算机技术、工业控制技术的进步，PLC 已广泛应用于工业生产过程的自动控制领域。

国际电工委员会（IEC）于 1987 年颁布的可编程控制器的定义如下：

"可编程控制器是专为在工业环境下应用而设计的一种数字运算操作的电子装置，是带有存储器、可以编制程序的控制器。它能够存储和执行命令，进行逻辑运算、顺序控制、定时计数和算术运算等操作，并通过数字式和模拟式的输入/输出控制各类机械或生产工程。可编程控制器及其有关外围设备都应按易于工业控制系统形成一个整体、易于扩展其功能的原则设计。"

2. PLC 的发展趋势

随着半导体技术、计算机技术和通信技术的发展，以及市场需求的增加，PLC 的结构和功能也在不断改进，正朝着新技术的方向发展。

1）网络化

除完成 PLC 与计算机管理系统联网、实现信息交流、完成设备控制任务外，现场总线技术的广泛应用使 PLC 与现场智能化设备（智能化仪表、传感器、智能化电磁阀等）通过一根传输介质连接起来，按照同一通信规则进行信息传输，构成分散管理、集中控制的工业控制网络，或者提供通信接口，使 PLC 直接接入以太网。

2）高性能、小型化

PLC 功能越来越丰富，体积越来越小。PLC 不再是只能进行开关量逻辑运算的产品，还具有模拟量处理能力，以及浮点数运算、PID 调节、温度控制、精确定位、步进驱动、报表统计等高级处理能力，PLC 与 DCS（集散控制系统）的差别越来越小。PLC 的体积越来越小，小型的 PLC 具备了原来大、中型 PLC 才有的功能部分，如模拟量处理、复杂的功能指令、网络通信等。PLC 的价格也在不断下降。

3）开放性和标准化

不同制造商生产的 PLC 没有统一的规范和标准，它们之间的差别给制造和使用都增加了难度。现在的 PLC 采用了各种工业标准，如 IEC61131 为 PLC 的硬件设计、编程语言、通信联网等各方面制定了规范。不同的 PLC 和 IEC61131 之间的兼容还有待进一步发展。

4）简单化

不同品牌的 PLC 所用的编程语言不同，用户掌握多种语言的难度较大。PID 控制、网络通信、高速计数器等编程和应用的难度很大，阻碍了 PLC 的推广应用。PLC 的编程语言在原有的梯形图语言、顺序功能图语言和指令语句表的基础上正在不断地丰富和向简单化、高层次发展。

3. PLC 的性能指标

用户选择 PLC 主要是依据控制系统对 PLC 的技术指标的要求来进行的。PLC 的技术性能指标主要有 I/O 点数、存储容量、扫描速度、指令系统及扩展能力等。

（1）I/O 点数。I/O 点数指 PLC 外部输入/输出端子总数。这是 PLC 最重要的一项技术指标。

（2）PLC 的存储容量。PLC 的存储容量通常是指用户程序存储器和数据存储器容量之和，它用来表示 PLC 系统提供给用户的可用资源。

（3）扫描速度。PLC 采用循环扫描方式工作。CPU 完成一次扫描所需的时间叫做扫描周期，扫描速度与扫描周期成反比。影响扫描速度的主要因素有用户程序的长度和 PLC 的类型。

（4）指令系统。指令系统是指 PLC 所有指令的总和。PLC 的指令越多，编程功能就越强。

（5）扩展能力。大部分 PLC 除了主机外还有多种扩展单元，用户可以根据不同的功能需要选择不同的扩展模块。

S7-200 系列 PLC 分为 CPU 221、CPU 222、CPU 224、CPU 224XP、CPU 226 五类机型。它的各种机型技术指标见表 2-3。

表2-3　S7-200 系列 PLC 的技术参数

特性		CPU 221	CPU 222	CPU 224	CPU 224XP	CPU 226
本机 I/O	数字量	6 入/4 出	8 入/6 出	14 入/10 出	14 入/10 出	24 入/16 出
	模拟量	—	—	—	2 入/1 出	—
最大扩展模块数量		0 个模块	2 个模块	7 个模块	7 个模块	7 个模块
数据存储区		2048 字节	2048 字节	8192 字节	10240 字节	10240 字节
掉电保持时间		50h	50h	100h	100h	100h
高速计数器	单相	4 路 30kHz	4 路 30kHz	6 路 30kHz	4 路 30kHz 2 路 200kHz	6 路 30kHz
	双相	2 路 20kHz	2 路 20kHz	4 路 20kHz	3 路 20kHz 1 路 100kHz	4 路 20kHz
脉冲输出（DC）		2 路 20kHz	2 路 20kHz	2 路 20kHz	2 路 100 kHz	2 路 20kHz
模拟电位器		1	1	2	2	2
实时时钟		配时钟卡	配时钟卡	内置	内置	内置
通信口		1×RS-485	1×RS-485	1×RS-485	2×RS-485	2×RS-485
浮点数运算		有	有	有	有	有
I/O 映像区		256 128 入/128 出	256 128 入/128 出	256 128 入/128 出	256 128 入/128 出	256 128 入/128 出
布尔指令执行速度		0.22μs/指令	0.22μs/指令	0.22μs/指令	0.22μs/指令	0.22μs/指令
外形尺寸（mm）		90×80×62	90×80×62	120.5×80×62	140×80×62	190×80×62

 边学边练

利用网络搜索 PLC 相关知识，了解不同品牌的 PLC。

思考与练习

（1）PLC 编程语言有哪几种？

（2）S7-200 系列 PLC 包括哪些内部存储器？

（3）PLC 控制与继电器–接触器控制有什么异同？

 # 任务二　PLC 基本逻辑指令的使用

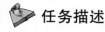 **任务描述**

当物料分拣设备上电时，首先进入初始待机状态（原位）。机械手的水平臂缩回在左极限位置，垂直臂缩回在上极限位置，手爪松开。此时红色指示灯 EL1 长亮，作为初始位置指示。若上述部件不在初始位置，按下复位按钮 SB3，各部件回到初始位置。试设计 PLC 控制程序并调试运行。

任务分析

上述任务要实现机械手各部件位置初始化，若用 PLC 控制系统实现，则复位按钮为输入信号，连接在 PLC 的输入端，电磁阀线圈为被控制信号，连接在 PLC 的输出端。实现上述复位操作需要用到 PLC 的基本位操作指令。

任务目标

◆ 掌握 S7 - 200 系列 PLC 输入、输出及中间继电器的含义；

◆ 理解 LD/LDN、OUT、A/AN、O/ON 等基本指令的功能并熟悉其编程格式；

◆ 掌握置位与复位指令的功能及编程格式；

◆ 掌握 PLC 梯形图程序的编制方法；

◆ 根据控制要求编写 PLC 程序并安装接线，调试运行。

一、基础知识

1. S7 - 200 系列 PLC 的部分元器件

1）输入映像寄存器

输入映像寄存器也称输入继电器，它的每一位对应一个 PLC 的输入接点，用来接收外部元件（按钮、行程开关、传感器等）所提供的输入信号，通过输入端子把这些开关量信号传送到 PLC。

每一个输入映像寄存器的线圈都与相应的 PLC 输入端相连，当外部开关闭合时，对应线圈得电，其常开触点闭合（状态为 "1"），常闭触点断开（状态位 "0"），常开、常闭触点在 PLC 编程时可以无限次使用。输入继电器的线圈只能由外部输入信号驱动，不能用 PLC 内部程序驱动。S7 - 200 提供的输入继电器范围是 I0.0 ~ I15.7，共 128 个。输入继电器等效电路图如图 2-21 所示。

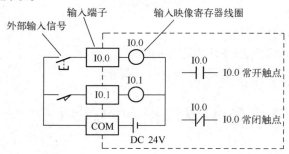

图 2-21　输入继电器等效电路图

2）输出映像寄存器

输出映像寄存器又称输出继电器，它用来将输出信号传送到负载的接口。输出继电器的线圈只能用内部程序驱动，不能由外部信号直接驱动。通过程序使输出继电器线圈得电时，其常开触点闭合，常闭触点断开，输出继电器的常开、常闭触点在编程时可以无限次使用。输出继电器通过输出端子连接外部负载，如接触器、电磁阀、指示灯等，通过程序控制启动和关闭外部负载。

S7 - 200 提供的输出继电器范围是 Q0.0 ~ Q15.7，共 128 个。输出继电器等效电路图如图 2-22 所示。

3）辅助继电器

辅助继电器也称中间继电器，它可以按位使用，用于存储中间操作数或其他控制信息；也可以按字节、字或双字使用，用来存取存储区的数据。S7 - 200 提供的辅助继电器范围是 M0.0 ~ M31.7，共 256 个。辅助继电器的常开、常闭触点在编程时可以无限次使用。辅助继电器只能由程序驱动，不能直接驱动外部负载，驱动外部负载时应用输出继电器。

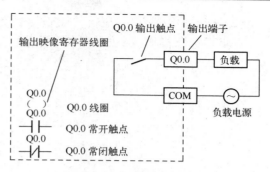

图 2-22　输出继电器等效电路图

2. PLC 的基本位操作指令及其应用

1）逻辑操作开始指令 LD/LDN

LD/LDN 是逻辑操作开始指令，也称逻辑取指令。每一个网络的开始都要使用 LD 或 LDN 指令。

（1）LD(LOAD)：取指令。用于每个网络开始的常开触点与左母线之间的连接。

（2）LDN(LOAD NOT)：取反指令。用于每个网络开始的常闭触点与左母线之间的连接。

2）线圈输出指令 = (OUT)

=(OUT)是线圈输出指令，输出逻辑运算结果，驱动继电器线圈。在同一个程序中不能使用双线圈输出，即同一个元器件在同一个程序中只能使用一次 =(OUT)指令。

LD、LDN 及 =指令举例，如图 2-23 所示。

3）逻辑"与"指令 A/AN

A/AN 是触点的串联连接指令。

（1）A(AND)：逻辑"与"指令。表示单个动合触点之间的串联连接。

（2）AN(AND NOT)：逻辑"与非"指令。表示单个动断触点之间的串联连接。

逻辑"与"操作指令举例如图 2-24 所示。

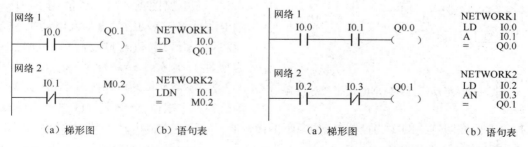

图 2-23　LD、LDN 及 =指令举例　　　　图 2-24　逻辑"与"操作指令举例

4）逻辑"或"指令 O/ON

O/ON 是触点的并联连接指令。

（1）O(OR)：逻辑"或"指令。表示单个动合触点之间的并联连接。

（2）ON（OR NOT）：逻辑"或非"指令。表示单个动断触点之间的并联连接。

逻辑"或"操作指令如图 2-25 所示。

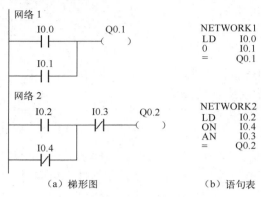

（a）梯形图　　　　　　　（b）语句表

图 2-25　逻辑"或"操作指令举例

例题 1：用 PLC 控制电动机直接启动电路。电路图见项目一中的图 1-26，按下启动按钮 SB2，接触器 KM 线圈得电，电动机启动运行；松开 SB2，电动机继续旋转；按下停止按钮 SB1，接触器线圈断电，电动机停转。FR 为热继电器，起过载保护作用。

（1）输入/输出接口的分配

输入/输出接口的分配见表 2-4。

表 2-4　输入/输出接口分配表

输 入 部 分		输 出 部 分	
输 入 元 件	地　　址	输 出 元 件	地　　址
停止按钮 SB1	I0. 0	接触器线圈 KM	Q0. 0
启动按钮 SB2	I0. 1		
热继电器 FR	I0. 2		

（2）编制 PLC 控制程序

梯形图和语句表程序如图 2-26 所示。

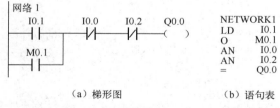

（a）梯形图　　　　　　　（b）语句表

图 2-26　电动机直接启动电路的 PLC 控制

例题 2：CA6140 型车床的 PLC 控制。

车床电路图见项目一中的图 1-71，主轴电动机 M1 启动后，冷却泵电动机 M2 才能启动。刀架电动机 M3 为点动控制。SA1 为照明灯开关，SA2 为 M2 电动机开关，SB2 为 M1 电动机的启动按钮，SB1 为 M1 电动机的停止按钮，SB3 为 M3 电动机的点动按钮。EL 为照明灯，KM1 为控制电动机 M1 的接触器，KM2 为控制电动机 M2 的接触器，KM3 为控制电动机 M3 的接触器。

（1）输入/输出接口分配

输入/输出接口分配表见表 2-5。

（2）编制 PLC 控制程序

梯形图和语句表程序如图 2-27 所示。

表 2-5 输入/输出接口分配表

输入部分		输出部分	
输入元件	地址	输出元件	地址
照明灯开关 SA1	I0.0	照明灯 EL	Q0.0
冷却泵开关 SA2	I0.1	M1 的接触器 KM1	Q0.1
主轴启动 SB2	I0.2	M2 的接触器 KM2	Q0.2
主轴停止 SB1	I0.3	M3 的接触器 KM3	Q0.3
刀架开关 SB3	I0.4		
热继电器 FR1	I0.5		
热继电器 FR2	I0.6		

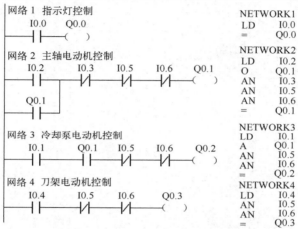

网络 1 指示灯控制

```
NETWORK1
LD    I0.0
=     Q0.0
```

网络 2 主轴电动机控制

```
NETWORK2
LD    I0.2
O     Q0.1
AN    I0.3
AN    I0.5
AN    I0.6
=     Q0.1
```

网络 3 冷却泵电动机控制

```
NETWORK3
LD    I0.1
A     Q0.1
AN    I0.5
AN    I0.6
=     Q0.2
```

网络 4 刀架电动机控制

```
NETWORK4
LD    I0.4
AN    I0.5
AN    I0.6
=     Q0.3
```

图 2-27 CA6140 型车床的 PLC 控制

例题 3：电动机丫 - △启动的 PLC 控制。图 1-58 为手动控制的电动机丫 - △启动控制电路，其控制电路部分用 PLC 实现。

① 输入/输出接口分配见表 2-6。

表 2-6 输入/输出接口分配表

输入部分		输出部分	
输入元件	地址	输出元件	地址
热继电器 FR	I0.0	接触器 KM1	Q0.1
停止按钮 SB3	I0.1	接触器 KM2	Q0.2
丫形启动按钮 SB1	I0.2	接触器 KM3	Q0.3
△形启动按钮 SB2	I0.3		

② 梯形图程序如图 2-28 所示。

在梯形图 2-28 中，多个逻辑行具有相同条件，常合并成一个网络。上述程序也可以分开用三个网络实现，如图 2-29 所示。梯形图中串联触点多的支路应放在上方，并联触点多的支路应放在左方。

例题 4：设计三人抢答器的 PLC 控制方式。三

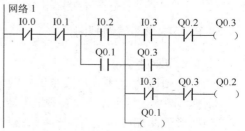

图 2-28 丫 - △启动梯形图程序

人参加抢答题竞赛，抢答机会均等。主持人按下开始按钮启动系统，若某人先按下按钮答题，其指示灯点亮，其余二人指示灯均不能点亮；答题完毕，主持人按下按钮复位，重新开始抢答。

（1）输入/输出接口分配见表 2-7。

表 2-7　输入/输出接口分配表

输入部分		输出部分	
输入元件	地址	输出元件	地址
系统启动按钮 SB1	I0.0	甲指示灯 EL1	Q0.1
甲抢答按钮 SB2	I0.1	乙指示灯 EL2	Q0.2
乙抢答按钮 SB3	I0.2	丙指示灯 EL3	Q0.3
丙抢答按钮 SB4	I0.3		
复位按钮 SB5	I0.4		

（2）梯形图程序如图 2-30 所示。

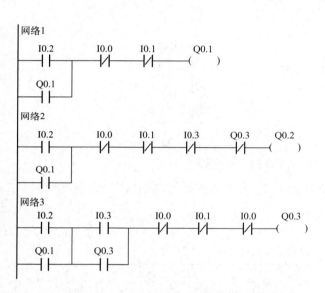

图 2-29　Y-△启动梯形图程序

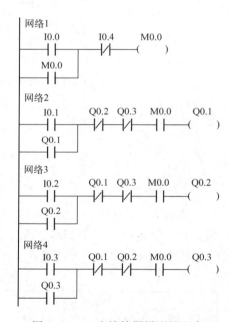

图 2-30　三人抢答器梯形图程序

 边学边练

调试运行例题 1~4 的 PLC 控制程序。

3. PLC 梯形图编制规则

1）梯形图的特点

① 梯形图按从上到下、从左到右的顺序排列。每个继电器线圈构成一个网络。

② 梯形图中的继电器不是物理继电器。每个继电器对应内存中的一位，称为"软继电器"。

③ 梯形图两端的母线并非实际电源的两端，通过的为"概念电流"。

④ 梯形图中继电器线圈只能出现一次，而触点可无限次引用。

⑤ 梯形图中，前面网络的执行结果将立即被后面的逻辑操作所利用。

⑥ 输入继电器只有触点，没有线圈，其他继电器既有线圈又有触点。

⑦ PLC 总是按梯形图排列的先后顺序逐一处理，不存在不同网络同时执行的情况。

2）梯形图编程规则

① 梯形图的每一行都从左边母线开始，然后是各种触点的逻辑连接，最后以线圈或指令盒结束。触点不能放在线圈的右边。

② 线圈和指令盒一般不能直接连接在左边的母线上，如需要可以通过特殊继电器如 SM0.0（始终为"1"）来完成。

③ 在同一程序中，同一编号的线圈使用两次及两次以上称作双线圈输出，双线圈输出非常容易引起误动作，S7 - 200 的 PLC 中不允许有双线圈输出。

④ 每一个网络中，串联触点多的支路应放在上方，并联触点多的支路应放在左方。这样做一是节省指令，二是美观。

⑤ 当多个逻辑行具有相同条件时，常合并起来。

⑥ 输入继电器的触点状态全部按相应的输入设备为动合进行设计更为合理。

4. 置位、复位指令

置位指令用 S（SET）表示，存储器置"1"，使动作保持；

复位指令用 R（RST）表示，存储器置"0"，使动作复位，清零。

存储器位的置 1 和置 0 操作可以用普通线圈的通/断电来描述，而置位、复位指令则是将线圈设计成置位线圈和复位线圈两种形式。置位线圈受到脉冲前沿触发时，线圈通电锁存（置"1"），复位线圈受到脉冲前沿触发时，线圈断电锁存（置"0"）。在下次置位、复位操作信号到来前，线圈状态保持不变。

置位、复位指令格式见表 2-8。

表 2-8　置位、复位指令格式

类　　型	梯形图（LAD）	语句表（STL）	功　　能
置位	S_bit ——(S) N	S　S - bit, N	从起始位（S - bit）开始的 N 个元件置"1"
复位	S_bit ——(R) N	R　S - bit, N	从起始位（S - bit）开始的 N 个元件置"0"

例题 5：用置位、复位指令编制程序，要求：按下启动按钮 SB1，三台电动机 M1、M2、M3 同时启动，按下停止按钮 SB2，电动机 M1 停止，M2、M3 保持运转。

按钮 SB1 和 SB2 分别对应 I0.0 和 I0.1，控制三台电动机的接触器分别对应 Q0.0、Q0.1、Q0.2。

SB1 接通时，执行置位指令，因为 N = 3，所以 Q0.0、Q0.1、Q0.2 三位同时置"1"；I0.1 接通时，执行复位指令，因为 N = 1，所以 Q0.0 复位为"0"，Q0.1、Q0.2 仍然为"1"，只有执行复位指令才能使它们为"0"。

控制程序如图 2-31 所示。

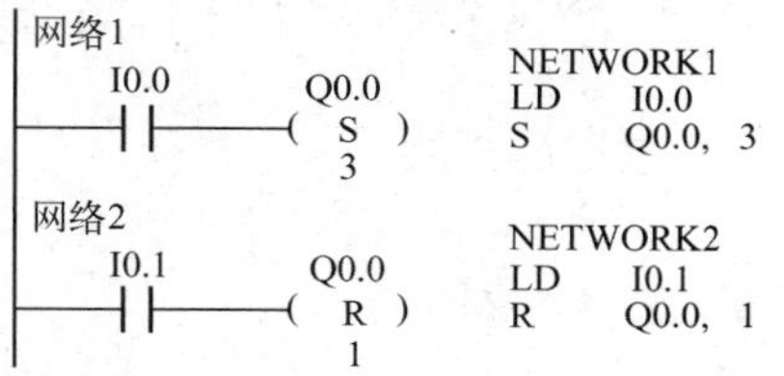

```
网络1
   I0.0          Q0.0        NETWORK1
   ─┤├─         ─( S )       LD    I0.0
                    3         S     Q0.0, 3
网络2
   I0.1          Q0.0        NETWORK2
   ─┤├─         ─( R )       LD    I0.1
                    1         R     Q0.0, 1
```

图 2-31　置位/复位指令控制三台电动机

例题 6： 电动机正/反转电路的 PLC 控制。

电动机正/反转控制电路如图 1-36 所示，按下正转按钮 SB1，接触器 KM1 得电，电动机正向旋转；按下反转按钮 SB2，接触器 KM2 得电，KM1 断电，电动机反转；按下停止按钮 SB3，电动机停转。

（1）输入/输出接口分配见表 2-9。

表 2-9　输入/输出接口分配表

输 入 部 分		输 出 部 分	
输 入 元 件	地　址	输 出 元 件	地　址
热继电器 FR	I0.0	正转接触器 KM1	Q0.1
正转按钮 SB1	I0.1	反转接触器 KM2	Q0.2
反转按钮 SB2	I0.2		
停止按钮 SB3	I0.3		

（2）绘制 PLC 外部硬件接线图，如图 2-32 所示。

（3）用置位指令实现的梯形图程序如图 2-33 所示。

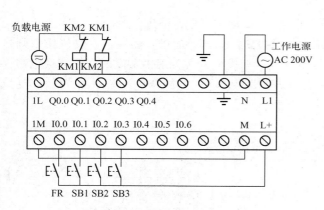

图 2-32　PLC 外部硬件接线图

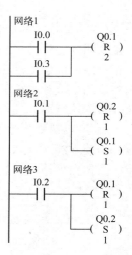

图 2-33　电动机正/反转梯形图程序

使用置位和复位指令时，继电器置位和复位线圈可以多次出现。

 边学边练

（1）调试运行例题 5、例题 6 的 PLC 控制程序。

（2）试将例题 1~4 的程序改为用置位、复位指令来实现。

二、任务实施

1. 器材准备

◆ 可编程控制器实训装置 1 台。

- ◆ 装有编程软件的计算机 1 台。
- ◆ PC/PPI 通信电缆线 1 根。
- ◆ 导线若干。

2. 实训内容——设计机械手复位的 PLC 控制程序并调试运行

系统分析：机械手的上升、下降和左移、右移的动作此处均采用双电控电磁阀控制气缸完成。手爪的抓紧、松开由单电控电磁阀控制，线圈通电执行抓紧动作，线圈断电时由电磁阀弹簧自动执行松开动作。

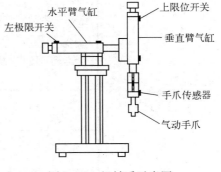

图 2-34　机械手示意图

如图 2-34 所示，机械手在初始位置时，左极限开关 SQ2、上极限开关 SQ4 接通、手爪开关 SQ5 松开，此时红色指示灯 EL1 长亮。若不在初始位置，用复位按钮 SB3 使左移电磁阀通电、上移电磁阀通电、手爪电磁阀断电，进行复位。机械手回到初始位置后，各电磁阀线圈断电。

1）输入/输出接口分配

输入/输出接口分配见表 2-10。

表 2-10　输入/输出接口分配表

输入部分			输出部分		
输入元件	编程地址	作　用	输入元件	编程地址	作　用
SB3	I0.0	复位按钮	EL1	Q0.0	原位指示灯
SQ2	I0.1	上极限开关	YV1	Q0.1	左移电磁阀
SQ4	I0.2	左极限开关	YV2	Q0.2	上升电磁阀
SQ5	I0.3	手爪开关	YV3	Q0.3	手爪抓紧电磁阀

2）绘制 PLC 外部硬件接线图

PLC 外部硬件接线图如图 2-35 所示。

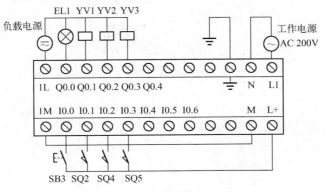

图 2-35　PLC 外部硬件接线图

3）梯形图程序

梯形图程序如图 2-36 所示。

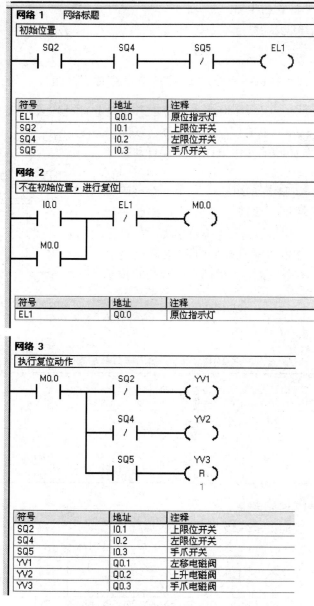

图 2-36　机械手复位梯形图程序

4）调试运行程序

根据任务，进行程序的运行与调试。

① 按照 I/O 分配表与外部接线图，进行 PLC 主机单元与实训单元之间的接线。

② 连接计算机与 PLC 主机单元之间的通信电缆。

③ PLC 接电源。

④ 打开 PLC 的电源开关，"RUN/STOP" 置于 STOP 状态。

⑤ 用 STEP 7-Micro/WIN32 软件编程。

⑥ 下载程序至 PLC。

⑦ PLC 置于 RUN 状态，开始运行程序。

⑧ 按照控制要求操作面板上的开关，观察实验现象，判断是否实现程序功能。若不能实现，则通过"程序状态监控"找出错误并修改，重新调试，直至正确为止。

3. 实训记录

（1）运行机械手复位程序，记录相应动作并填表 2-11。

表 2-11　机械手复位程序运行

操　作	现　象			
	指示灯 EL1	电磁阀 YV1	电磁阀 YV2	电磁阀 YV3
（1）接通上极限开关、左极限开关，断开手爪开关				
（2）断开上极限开关、左极限开关				
（3）按下复位按钮				
（4）接通手爪开关				

（2）记录实验过程中出现的程序问题、接线问题及其处理方法。

三、知识拓展

在复杂的梯形图中，有些触点之间的串/并联关系并不能用简单的与、或、非逻辑关系来描述，在语句表指令系统中设计了电路块连接指令，以及栈操作指令。

1. 块连接指令 OLD / ALD

电路块是指两个或两个以上触点之间的逻辑连接。语句表指令中，每个电路块均以 LD/LDN 指令为起始。

（1）块"与"指令（ALD）。两个或两个以上触点的并联连接叫做并联电路块。并联电路块之间的串联采用 ALD 指令，如图 2-37 所示。

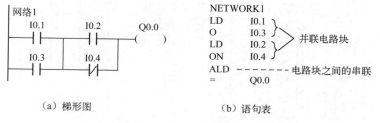

　（a）梯形图　　　　　　　　　　（b）语句表

图 2-37　ALD 指令的应用

（2）块"或"指令（OLD）。两个或两个以上触点的串联连接叫做串联电路块。串联电路块之间的并联用 OLD 指令，如图 2-38 所示。

在用语句表表达时，多个电路块之间的连接有分散连接和集中连接两种方式，如图 2-39 所示。

2. 栈操作指令 LPS/ LRD/ LPP 的使用

当电路中有公共的条件，即几个线圈共用一个或几个触点时，需要用到栈操作指令。栈

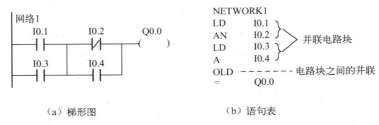

（a）梯形图　　　　　　　　　　（b）语句表

图 2-38　OLD 指令的应用

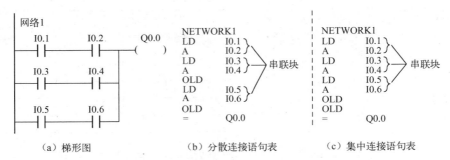

（a）梯形图　　　　　（b）分散连接语句表　　　　（c）集中连接语句表

图 2-39　语句表的分散连接与集中连接

操作指令用来存放逻辑运算结果及保存断点地址。

　　栈操作指令格式：堆栈指令（LPS）；读栈指令（LRD）；弹栈指令（LPP）。堆栈操作将断点的地址压入栈区，栈区内容自动下移，栈底内容丢失。读栈操作时将存储器栈区顶部的内容读入程序的地址指针寄存器，栈区内容保持不变。弹栈操作时，栈的内容按照后进先出的原则弹出，将栈顶内容弹入程序的地址指针寄存器，栈的内容依次上移。栈操作指令对栈区的影响如图 2-40 所示，ix. y 表示存储器栈区某个程序断点的地址。

　　LPS 指令可以嵌套使用，最多为 9 层。LPS 和 LPP 必须成对使用，最后一次读栈操作用弹栈指令。

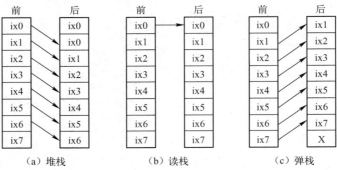

（a）堆栈　　　　　　　（b）读栈　　　　　　　（c）弹栈

图 2-40　堆栈指令的操作过程

例题 7：将下列梯形图转化为语句表程序，如图 2-41 所示。

 边学边练

　　利用编程软件输入图 2-38、图 2-41 所示的语句表程序，观察其梯形图程序及功能图程序。

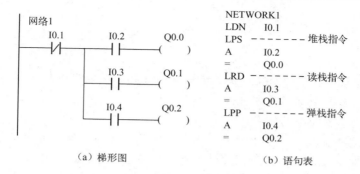

（a）梯形图　　　　　　（b）语句表

图 2-41　栈操作指令

思考与练习

（1）将继电器 – 接触器控制的电动机顺序启停控制电路转换为 PLC 控制的程序。

（2）将下列梯形图程序转换为语句表程序。

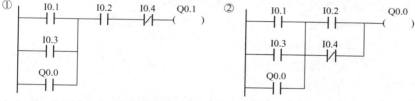

（3）将下列语句表程序转换为梯形图程序。

① NETWORK1			② NETWORK2	
LD	I0.0		LDN	I0.1
O	I0.1		A	I0.2
O	I0.2		A	I0.3
O	Q0.1		LND	I0.4
AN	I0.3		A	I0.5
A	I0.4		A	I0.6
=	Q0.1		OLD	
			=	Q0.2

 # 任务三　定时器指令的使用

任务描述

物料分拣设备上电后，进入初始状态，各部件应在初始位置，上极限位置开关 SQ2、左极限位置开关 SQ4 接通，手爪开关 SQ5 松开，红色指示灯 EL1 长亮，如各部件不在初始位置，则红色指示灯 EL1 以亮 0.2s、灭 0.2s 的方式快速闪烁。试设计 PLC 控制程序并调试运行。

任务分析

任务中若各部件不在初始位置，要求指示灯按亮 0.2s 和灭 0.2s 的方式闪烁，需要使用具有时间控制功能的元件，这里我们将要学到使用定时器指令进行编程，同时进行程序的运行与调试。

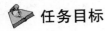 任务目标

- ◆ 理解定时器的意义，掌握定时器指令的功能并熟悉其编程格式；
- ◆ 掌握用定时器指令编程的方法；
- ◆ 进一步熟悉基本指令的使用；
- ◆ 了解 PLC 在工业生产过程中的应用，学会使用 PLC 系统解决生产实际问题；
- ◆ 能根据控制要求编写 PLC 控制程序，正确安装接线与调试运行。

一、基础知识

1. 定时器的作用及分类

PLC 的定时器类似于继电器 – 接触器控制系统中的时间继电器，其功能为用于延时控制。在编程时，定时器要预置设定值，在运行过程中当输入条件满足时，定时器的当前值开始按一定的单位增加，在当前值达到设定值时，定时器的触点动作。

定时器是 PLC 中最常用的元件之一，正确使用定时器对 PLC 程序设计非常重要。

S7 –200PLC 定时器可以按功能和时间基准进行分类。

按照功能分类，定时器可分为接通延时定时器（TON）、断开延时定时器（TOF）和有记忆的接通延时定时器（又称保持型）（TONR）。

时间基准又称为定时精度或分辨率，是指单位时间的时间增量。按照时间基准，定时器可以分为 1ms、10ms、100ms 三种类型。不同的时间基准，定时精度、定时范围和刷新方式不同，见表 2–12。

表 2–12　定时器的刷新方式

序号	定时器分辨率	刷新方式	备注
1	1ms	每隔 1ms 刷新一次，定时器刷新与扫描周期和程序处理无关	当扫描周期大于 1ms 时，在一个扫描周期内，定时器位和当前值被刷新多次，不与扫描周期同步
2	10ms	定时器位和当前值由系统在每个程序扫描周期开始时自动刷新	每个扫描周期只刷新一次，故定时器位和当前值在一个扫描周期内保持不变
3	100ms	定时器位和当前值在指令执行时被刷新	仅用在定时器指令在每个扫描周期执行一次的程序中。100ms 定时器被激活后，如果不是每个扫描周期都执行定时器指令或在一个扫描周期内多次执行定时器指令，都会造成计时失准。在跳转指令和循环指令段中使用定时器要格外小心

CPU22X 系列 PLC 共有 256 个定时器，分别属于 TON、TONR 和 TOF。定时器的编号用定时器的名称和它的常数编号，编号范围为 T0 ~ T255，其详细分类方法见表 2–13。

定时器的编号一旦确定后，其分辨率也就随之确定了。由于 TON 和 TOF 共享同一组定时器，不能重复使用，故不能把一个定时器同时用作 TON 和 TOF。

表 2-13 定时器的类型

工 作 方 式	用毫秒（ms）表示的分辨率	用秒（s）表示的最大当前值	定 时 器 号
TONR	1	32.767	T0，T64
	10	327.67	T1 ~ T4，T65 ~ T68
	100	3276.7	T5 ~ T31，T69 ~ T95
TON/TOF	1	32.767	T32，T96
	10	327.67	T33 ~ T36，T97 ~ T100
	100	3276.7	T37 ~ T63，T101 ~ T255

定时器定时时间的计算：

定时器定时时间 = 设定值 × 分辨率

例如：TON 指令使用定时器 T33，时间设定值为 50，则实际定时时间为：

$$50 \times 10ms = 500ms = 0.5s$$

若 TON 指令使用定时器 T38，时间设定值同样为 50，则实际定时时间为：

$$50 \times 100ms = 5000ms = 5s$$

2. 定时器指令格式及使用

TON、TONR 和 TOF 三种定时器的梯形图和语句表格式见表 2-14。表中，定时器的编程范围为 T0 ~ T255；IN 为使能输入端，当输入条件满足时，当前值按一定的单位增加；PT 是设定值输入端，最大设定值为 32767。

表 2-14 定时器的指令格式

定时器类型	梯形图（LAD）	语句表（STL）
通电延时型	Txxx IN TON PT	TON
有记忆的通电延时型	Txxx IN TON PT	TONR
断电延时型	Txxx IN TOF PT	TOF

1）通电延时型定时器（TON）

通电延时型定时器用于通电后的延时计时。当使能端输入接通时，定时器开始计时，当前值从 0 开始递增，当前值大于或等于设定值时，该定时器被置位（输出状态位置 1）。当达到设定值后，定时器继续计时，一直计到最大值 32767。当使能端输入断开时，定时器复位（当前值清零，输出状态位置 0）。

通电延时型定时器的使用如图 2-42 所示。

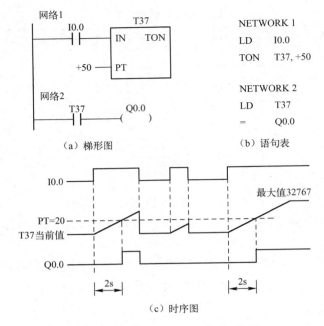

（a）梯形图　　　　　　　（b）语句表

（c）时序图

图 2-42　通电延时型定时器的使用

当 I0.0 接通时，定时器 T37 开始计时，经过 5s 后，设定时间到，T37 动合触点闭合，Q0.0 线圈得电；当 I0.0 断开时，T37 当前值恢复为 0，T37 动合触点立即断开，Q0.0 线圈断电。

由于定时器的最大设定值为 32767，对于长时间延时电路，仅使用一个定时器满足不了控制要求，可以使用多个定时器进行控制。如图 2-43 所示为开关接通后，指示灯延时 1h 后点亮的程序。

当 I0.0 接通时，定时器 T37 开始计时，经过 1800s 后，T37 设定时间到，其动合触点闭合，定时器 T38 开始计时；又经过 1800s 后，T38 设定时间到，其动合触点闭合，Q0.0 线圈得电，指示灯点亮。I0.0 接通后，延时 3600s Q0.0 才接通，延时时间为 T37 和 T38 延时时间之和。

例题 1：设计如图 2-44 所示的控制送料小车自动往返循环的 PLC 控制程序。要求：（1）小车从原位出发左行，到达终点后停留进行装料，经过 20s 后返回；（2）返回原位后停留进行卸料，经过 10s 后又开始进行下一循环；（3）行程开关 SQ1 和 SQ2 分别作为原位和终点的行程控制。

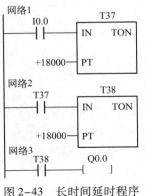

图 2-43　长时间延时程序

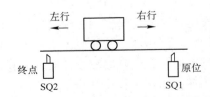

图 2-44　送料小车自动往返循环示意图

系统分析：小车从原位启动，接触器 KM1 通电，小车左行，到达终点时，碰到行程开关 SQ2，KM1 断电，小车停止，电磁阀 YV1 通电，开始装料；20s 后，装料完毕，接触器 KM2 通电，小车右行，返回原位后，碰到行程开关 SQ1，KM2 断电，小车停止，电磁阀 YV2 通电，开始卸料；经过 10s 后又开始左行，进行下一个循环。

PLC 输入/输出接口的分配见表 2–15。

表 2–15　输入/输出接口的分配表

输入部分			输出部分		
输入元件	PLC 编程元件	作　用	输出元件	PLC 编程元件	作　用
SB1	I0.1	左行按钮	KM1	Q0.1	左行接触器
SB2	I0.2	右行按钮	KM2	Q0.2	右行接触器
SB3	I0.3	停止按钮	YV1	Q0.3	装料电磁阀
SQ2	I0.4	终点行程开关	YV2	Q0.4	卸料电磁阀
SQ1	I0.5	原位行程开关			

PLC 梯形图程序如图 2–45 所示。

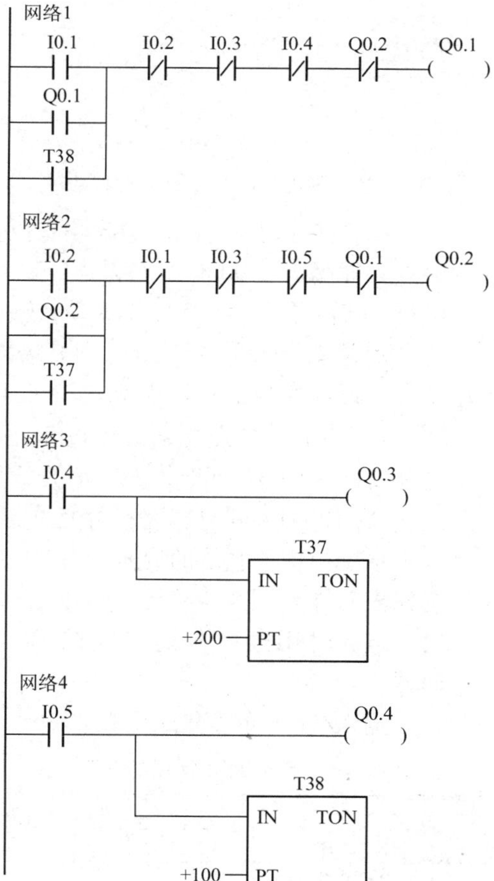

图 2–45　送料小车自动往返循环的 PLC 程序

2）断电延时型定时器（TOF）

当使能端输入接通时，定时器状态位立即置 1，并把当前值设为 0。当使能端由接通到断开时，定时器开始计时，直到达到设定值为止。当达到设定值时，定时器状态位置 0，停止计时，当前值等于设定值。当输入断开的时间短于设定值时，定时器状态位保持接通。

断电延时型定时器的使用如图 2-46 所示。

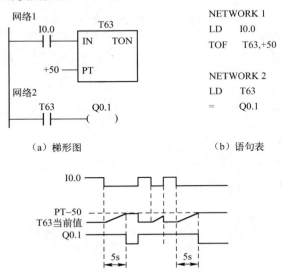

（a）梯形图　　　　　　（b）语句表

```
NETWORK 1
LD    I0.0
TOF   T63,+50

NETWORK 2
LD    T63
=     Q0.1
```

（c）时序图

图 2-46　断电延时型定时器的使用

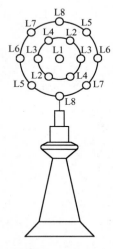

图 2-47　灯塔之光

I0.0 接通时，定时器 T63 状态位置 1，当前值为 0，其动合触点立即闭合，Q0.1 线圈得电；I0.0 断开时，T63 开始计时，经过 5s 后，设定时间到，T63 动合触点断开，Q0.1 线圈断电。

例题 2： 如图 2-47 所示为灯塔之光示意图，L1 ～ L8 为指示灯，设计控制指示灯点亮的 PLC 程序，要求：接通开关 S，2s 后，L1 指示灯点亮，又经过 2s 后 L2 ～ L4 同时点亮，再经过 2s 后，L5 ～ L8 同时点亮；断开开关 S，3s 后 L1 熄灭，又经过 3s 后 L2 ～ L4 同时熄灭，再经过 3s 后 L5 ～ L8 同时熄灭。

系统分析： 系统的启停由 S 控制，作为输入元件，指示灯为输出元件，顺序点亮与熄灭间隔时间共需要 6 个定时器计时。点亮时用通电延时型定时器，熄灭时用断电延时型定时器。

输入/输出端子分配见表 2-16。

表 2-16　输入/输出接口的分配

输入部分			输出部分		
输入元件	PLC 编程元件	作　用	输出元件	PLC 编程元件	作　用
S	I0.0	启动开关	L1	Q0.1	指示灯 L1
			L2 ～ L4	Q0.2	指示灯 L2 ～ L4
			L5 ～ L8	Q0.3	指示灯 L5 ～ L8

编制 PLC 梯形图程序如图 2-48 所示。

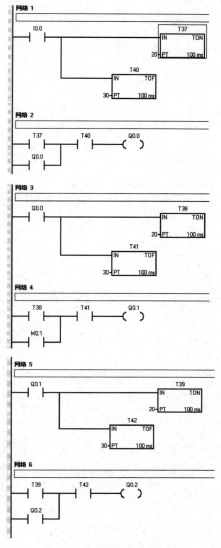

图 2-48　梯形图程序

3）有记忆的通电延时型定时器（TONR）

前面两种定时器在使能端断开时，定时器当前值会立即复位为 0，有记忆的通电延时型定时器与它们不同。这种定时器的工作原理是，当使能端输入接通时，定时器开始计时，当前值递增，当前值大于或等于设定值时，定时器被置位。当达到设定值后，定时器继续计时，一直计到最大值 32767。当使能端断开时，当前值保持不变；当使能端再次接通时，在原记忆值的基础上递增计时。需要复位时，利用复位指令（R）使定时器当前值清零。

如图 2-49 所示为有记忆的通电延时型定时器的使用。当使能端输入 I0.1 接通时，定时器 T1 线圈得电，开始计时，达到设定时间 1s 时，T1 动合触点闭合，Q0.0 线圈得电；当 I0.1 断开时，T1 线圈断电，但当前值保持不变，因当前值大于或等于设定值，Q0.0 线圈仍得电；要想使 T1 当前值复位清零，从而使 Q0.0 线圈断电，则需要接通 I0.2。

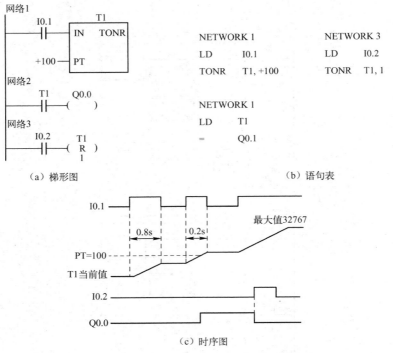

NETWORK 1

LD　　I0.1

TONR　T1, +100

NETWORK 3

LD　　I0.2

TONR　T1, 1

NETWORK 1

LD　　T1

=　　　Q0.1

（a）梯形图　　　　　　　　　　　　　　　（b）语句表

（c）时序图

图 2-49　有记忆的通电延时型定时器的使用

 边学边练

（1）如对图 1-53 所示电动机的 Y – △ 降压启动电路用 PLC 控制，写出其梯形图程序，并调试运行。

（2）图 2-50 是包含 3 种定时器的一段程序，试运行这段程序，观察运行情况。

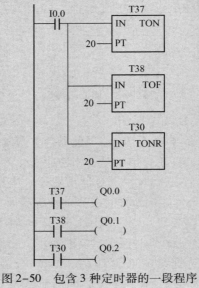

图 2-50　包含 3 种定时器的一段程序

二、任务实施

1. 器材准备

◆ 可编程控制器实训装置 1 台。

◆ 装有编程软件的计算机 1 台。

◆ PC/PPI 通信电缆线 1 根。

◆ 导线若干。

2. 实训内容

根据本任务描述所涉及的内容，设计 PLC 控制程序并调试运行。

系统分析：

设备上电后，如各部件在初始位置，则指示灯 EL1 长亮，而位置开关 SQ2、SQ4 接通，手爪开关 SQ5 断开；如不在初始位置，则 SQ2 或 SQ4 断开，或 SQ5 接通，EL1 以亮 0.2s，灭 0.2 s 的方式循环闪烁。

编程步骤及参考程序如下。

1）列出输入/输出分配表

输入/输出接口的分配见表 2-17。

表 2-17　输入/输出接口的分配

输入 部 分			输出 部 分		
输 入 元 件	PLC 编程元件	作　　用	输 出 元 件	PLC 编程元件	作　　用
SQ2	I0.1	上限位开关	EL1	Q0.1	原位指示灯
SQ4	I0.2	左限位开关			
SQ5	I0.3	手爪抓紧开关			

2）绘制 PLC 外部硬件接线图

PLC 外部硬件接线图如图 2-51 所示。

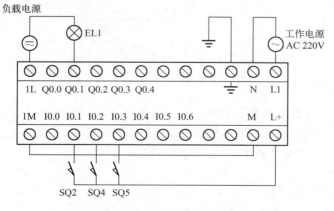

图 2-51　PLC 外部硬件接线图

3）编制 PLC 梯形图程序

PLC 梯形图如图 2-52 所示。

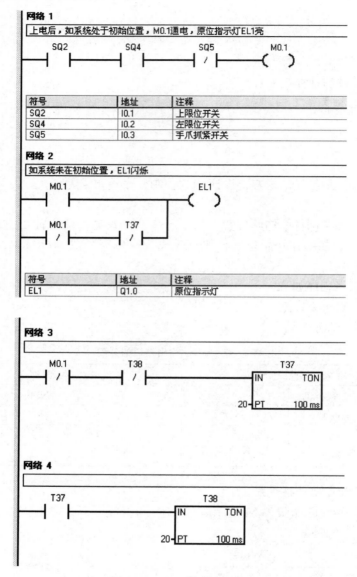

图 2-52 PLC 梯形图程序

4）调试运行程序

根据任务，进行程序的运行与调试。

① 按照输入/输出分配表与外部接线图，进行 PLC 主机单元与实训单元之间的接线。

② 连接计算机与 PLC 主机单元之间的通信电缆。

③ PLC 接电源。

④ 打开 PLC 的电源开关，"RUN/STOP" 置于 STOP 状态。

⑤ 用 STEP7-Micro/WIN32 软件编程。

⑥ 下载程序至 PLC。

⑦ PLC 置于 RUN 状态，开始运行程序。

⑧ 按照控制要求操作面板上的开关，观察实验现象，判断是否实现程序功能。若不能实现，则通过"程序状态监控"找出错误并修改，重新调试，直至正确为止。

 边学边练

（1）调试运行例题 1、例题 2 的 PLC 控制程序。

（2）编制 3 盏灯点亮的 PLC 程序并调试运行。要求：按下启动按钮后，三盏灯同时点亮，经过 3s 后，其中两盏灯自动熄灭；按下停止按钮，第三盏灯经过 1s 后熄灭。

3. 实训记录

（1）描述实验现象和工作原理。

（2）记录实验过程中出现的程序问题、接线问题及其处理方法。

三、知识拓展——不同分辨率定时器的正确使用

如图 2-53 所示程序，希望定时器计时时间到产生一个宽度为一个扫描周期的脉冲 Q0.0，使用定时器本身的常闭触点作为本身的复位条件，定时器状态位置 1 时，常闭触点断开使定时器复位，重新开始计时，进行循环工作。但是对于不同分辨率的定时器，由于刷新方式不同，会产生不同的结果。

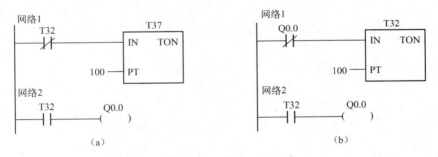

图 2-53　定时器的正确使用

在图 2-53 中，由于 T32 为 1ms 分辨率的定时器，每隔 1ms 定时器当前值刷新一次。当扫描周期大于 1ms 时，在一个扫描周期内，定时器位和当前值被刷新多次，不与扫描周期同步。CPU 当前值若恰好在处理 T32 的常闭触点执行之后到 T32 的常开触点执行之前的区间时被刷新，则 Q0.0 可以通电一个扫描周期，但这种情况出现的概率很小。若在执行其他指令时，计时时间到，1ms 的定时刷新使定时器输出状态位置位，常闭触点断开，定时器当前值复位为 0，输出状态位立即复位，常开触点断开，所以 Q0.0 一般不会通电。

若把图 2-53 中的 T32 换为 T33，则变为 10ms 分辨率的定时器，定时器位和当前值在扫描周期开始时刷新，在一个扫描周期内保持不变。T33 计时时间到，扫描周期开始，定时器置位，常闭触点断开，定时器当前值复位为 0，输出状态位立即复位，常开触点断开，所以 Q0.0 永远也不会通电。

若把图 2-53 中的 T32 换为 T37，则变为 100ms 分辨率的定时器，定时器位和当前值在执行指令时被刷新。T37 计时时间到，肯定会使 Q0.0 通电。

由以上分析得出结论：一般情况下，不要把定时器本身的常闭触点作为本身的复位条件，除非已经弄清楚定时器的分辨率，而 100ms 定时器常采用自复位逻辑控制，100ms 定时器也是使用最多的定时器。

若把图 2-53(a)所示的程序改为图 2-53(b)所示的程序，即把 Q0.0 的常闭触点用作定时器的输入，则不论哪种分辨率的定时器都能正常工作，保证定时器达到设定值时产生脉冲 Q0.0。

思考与练习

（1）编制用两个定时器组合进行润滑 10min 间歇 5min 的 PLC 控制程序，安装接线并调试运行。

（2）如图 2-54 所示为自动装车系统的示意图，试编制 PLC 控制程序。控制要求：

① 初始状态时，红灯 L2 亮，绿灯 L1 灭，料斗出料口阀门 D，电动机 M1、M2、M3、M4 皆为关闭状态。

② 打开"启动"开关，绿灯 L1 亮，红灯 L2 灭，表示允许汽车开进装料；当汽车到来时，限位开关 SQ1 置为 ON，红色信号灯 L2 亮，绿色灯 L1 灭，同时启动电动机 M4，经过 1s 后启动 M3，再经 2s 后启动 M2，再经过 1s 后启动 M1，再经 1s 后打开出料阀 D，物料经料斗出料。

③ 当车装满时，限位开关 SQ2 为 ON，出料阀关闭，1s 后 M1 停止，M2 在 M1 停止 1s 后停止，M3 在 M2 停止 1s 后停止，M4 在 M3 停止 1s 后最后停止。同时红灯 L2 灭，绿灯 L1 亮，表明汽车可以开走。

④ 关闭"启动"开关，自动配料装车的整个系统停止运行。

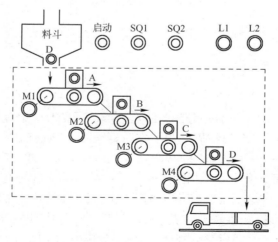

图 2-54 自动装车示意图

任务四　计数器指令的使用

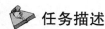 **任务描述**

在物料分拣设备上，如果分拣出的金属件达到 6 个，传送带停止运行，设备进行打包处理，5s 之后自动进入下一个周期，传送带继续运行。试设计 PLC 控制程序并调试运行。

任务分析

在生产线等机电设备的控制上，经常遇到诸如对工件、产品的数量进行统计的情况（如本任务描述中"当分拣出的金属件达 6 个，设备进行打包处理 5s……"），这就要用到 PLC 的计数功能。本任务需要用 PLC 的计数器指令进行编程。

任务目标

◆ 理解计数器的意义，掌握计数器指令的功能并熟悉其编程格式；
◆ 掌握用计数器指令编程的方法；
◆ 进一步熟悉基本指令的使用；
◆ 了解 PLC 在工业生产过程中的应用，学会使用 PLC 系统解决生产实际问题；
◆ 能根据控制要求编写 PLC 控制程序，正确安装接线与调试运行。

一、基础知识

1. 特殊存储器（SM）标志位

特殊存储器又称特殊继电器，SM 具有特殊功能或用来存储系统的状态变量、有关的控制参数和信息。其标志位提供大量的状态和特殊控制功能，起到在 PLC 和用户程序之间交换信息的作用。用户可读取程序运行过程中的设备状态和运算结果信息，利用这些信息实现一定的控制动作，也可以通过直接设置某些特殊继电器位来使设备实现某种功能。

特殊标志位可分为只读区及可读/可写区，对于只读区特殊标志位，用户只能利用其触点。

例如：

① SM0.1　初始化脉冲，该位在 PLC 首次扫描时（即第一个周期）为 ON，以后为 OFF，属只读型。

② SM0.5　该位提供了一个 1s 周期的时钟脉冲，0.5s 为 1，0.5s 为 0。

例题 1：报警闪烁电路的 PLC 控制程序如图 2-55 所示。要求：报警灯报警闪烁时亮 0.5s，灭 0.5s。

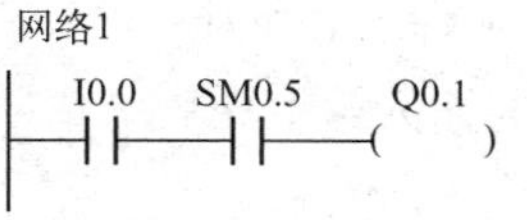

网络1

```
    I0.0   SM0.5   Q0.1
 ───┤ ├────┤ ├─────(   )
```

NETWORK 1
LD　　I0.0
A　　　SM0.5,
=　　　Q0.1

图 2-55　报警闪烁电路

③ SM1.2　当机器执行数学运算的结果为负时，该位被置 1，属只读型。

S7－200 PLC 的 CPU 存储器范围为 SM0.0～SM549.7（CPU 为 224/226 型的），其中 SM0.0～SM29.7 为只读型的。常用的有 SMB0、SMB1，它们的位信息见表 2－18。

表 2－18　常用特殊继电器 SMB0 和 SMB1 的位信息

SM 位	功 能 描 述	SM 位	功 能 描 述
SM0.0	RUN 监控，PLC 在 RUN 状态时，该位始终为 1	SM1.0	当执行某些指令，其结果为 0 时，将该位置 1
SM0.1	该位首次扫描时为 1，用途之一为调用初始化子程序	SM1.1	当执行某些指令，其结果溢出或查出非法数值时，将该位置 1
SM0.2	若保存数据丢失，该位将 ON 一个扫描周期	SM1.2	当执行数学运算的结果为负时，该位置 1
SM0.3	上电后进入 RUN 方式，该位 ON 一个扫描周期	SM1.3	试图除以 0 时，将该位置 1
SM0.4	该位提供了一个 1min 周期的时钟脉冲，30s 为 1，30s 为 0	SM1.4	当执行 ATT（Add to Table）试图超出表范围时，将该位置 1
SM0.5	该位提供了一个 1s 周期的时钟脉冲，0.5s 为 1，0.5s 为 0	SM1.5	当执行 LIFO 或 FIFO 指令试图从空表中读数时，将该位置 1
SM0.6	该位为扫描时钟，一个扫描周期为 1，下一个扫描周期为 0，交替循环	SM1.6	当试图把一个非 BCD 数转换为二进制数时，将该位置 1
SM0.7	该位指示 CPU 工作方式开关的位置（0 为 TERM 位置，1 为 RUN 位置）。当开关在 RUN 位置时，该位可使自由端口通信方式有效，当切换为 TERM 位置时，同编程设备的正常通信也会有效	SM1.7	当 ASCII 码不能转换为有效的十六进制数时，将该位置 1

可读/可写区特殊标志位用于特殊控制功能，如自由端口的设置、定时中断时间设置、高速计数器设置、脉冲输出控制等，具体可查阅《S7－200 CN PLC 手册》。

2. 计数器的作用及分类

计数器是用以记录脉冲信号个数的内部器件，利用输入脉冲上升沿（从 OFF 到 ON）累计脉冲个数。计数器输入信号从断开到接通变化一次，计数器计数一次。

西门子 S7－200 型 PLC 的 CPU 提供了三种类型的计数器，分别为增计数器（CTU）、减计数器（CTD）和增减计数器（CTUD）。

3. 计数器的指令格式及使用

西门子 S7－200PLC 计数器编号用名称（Counter，简写成 C）和数字（0～255）组成，如 C101，共 256 个（即 C0～C255）。

计数器的指令格式见表 2－19，它在梯形图里以指令盒的形式出现。计数器有以下 6 个要素：

① 类型。计数器类型有 3 种，即 CTU、CTD、CTUD。

② 使能端 CU/CD，即计数器计数脉冲的输入端。CU 为增 1 计数脉冲输入端，CD 为减 1 计数脉冲输入端。

③ 预置值 PV。计数器的设定值最大为 32767。

④ 复位端 R/LD。复位端用于对计数器复位。R 为复位脉冲输入端，LD 为减计数器的复位脉冲输入端。

⑤ 当前值。其值是一个存储单元，用来存储计数器当前所累积的脉冲个数，程序在运行时，我们会看到 C×××前面的数值在变化，变化范围在 0～32767 之间。

⑥ 计数器位。计数器位和继电器一样是一个开关量，表示计数器是否发生动作的状态。当计数器当前值达到预置值时，该位被置位为 ON。比如"C0"计数器，其触点"$\overset{C0}{—| |—}$"会闭合，触点"$\overset{C0}{—|/|—}$"会断开。

表 2-19　计数器的指令格式

计数器类型	增 计 数 器	减 计 数 器	增减计数器
梯形图（LAD）	Cxxx CU　CTU R PV	Cxxx CD　CTD LD PV	Cxxx CU CTUD CD R PV
语句表（STL）	CTU	CTD	CTUD

1）增计数器（CTU）

增计数器在每一个 CU 输入端的上升沿递增计数，直至最大值。当前计数值大于或等于设定值时，该计数器被置位（输出状态位置1）；当复位输入 R 接通时，计数器复位（当前值清0，输出状态位置0）。

增计数器的应用如图 2-56 所示。

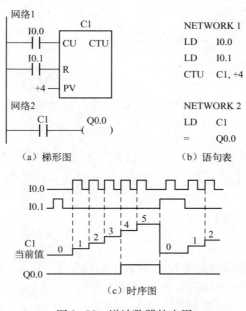

图 2-56　增计数器的应用

例题 2：编制生产线上包装计数的 PLC 控制程序。生产线上用传感器检测通过产品的个数，对 10 个一组的产品进行包装。每 10 个产品通过，PLC 便产生一个输出信号，接通包装电磁阀 5s，以进行包装工序。

系统分析：每检测到有一个产品在生产线上通过，传感器 S 就接通一次，向 PLC 发送一个脉冲信号，由 PLC 计数器进行计数。当通过 10 个产品时，达到计数器设定值 10，PLC 便产生一个输出信号，使包装电磁阀 YV 通电，开始包装工序。同时 PLC 定时器开始计时，达到计时器设定值 50，包装完成，电磁阀 YV 断电。

输入／输出接口的分配见表 2－20，S 为传感器，YV 为电磁阀。

表 2-20　输入／输出接口的分配

输 入 部 分			输 出 部 分		
输 入 元 件	PLC 编程元件	作　用	输 出 元 件	PLC 编程元件	作　用
S	I0.1	传感器	YV	Q0.0	包装电磁阀

PLC 梯形图和语句表程序如图 2-57 所示。

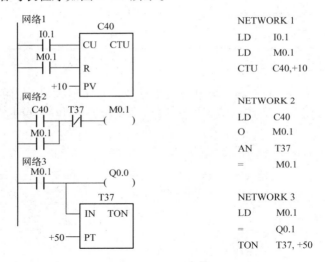

图 2-57　包装机计数的 PLC 控制

2）减计数器（CTD）

减计数器在每一个 CD 输入端的上升沿从设定值开始递减计数。当前值等于 0 时，该计数器状态位置位，停止计数。当复位输入端 LD 接通时，计数器把设定值装入当前值存储器，计数器状态位复位。

减计数器的应用如图 2-58 所示。

例题 3：霓虹灯控制

如图 2-59 所示为一喷泉状霓虹灯，当置位启动开关 SD 为 ON 时，LED 指示灯按照 1、2→3、4→5、6→7、8 的顺序间隔 1s 依次点亮，当都点亮后所有灯同时闪烁 3 次（闪烁频率为 2Hz），然后再按上述动作循环。当置位启动开关 SD 为 OFF 时，LED 指示灯停止显示，系统停止工作。

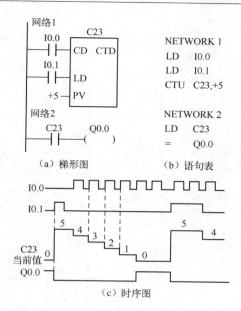

图 2-58　减计数器的应用

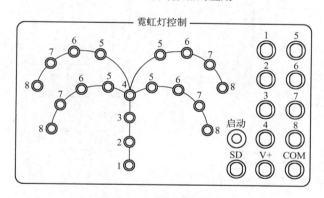

图 2-59　霓虹灯演示板

分析：本例中灯的顺序点亮可以用前面所学基本指令和定时器指令编写，当所有灯闪烁时，可用特殊继电器 SM0.5 与计数器配合实现。此处我们用减计数器指令编程。

输入/输出接口的分配见表 2-21。

表 2-21　输入/输出接口的分配

输入部分			输出部分		
输入元件	PLC 编程元件	作　用	输出元件	PLC 编程元件	作　用
SD	I0.0	启动	灯 1、2	Q0.1	点亮灯 1、2
			灯 3、4	Q0.2	点亮灯 3、4
			灯 5、6	Q0.3	点亮灯 5、6
			灯 7、8	Q0.4	点亮灯 7、8

PLC 梯形图程序如图 2-60 所示。

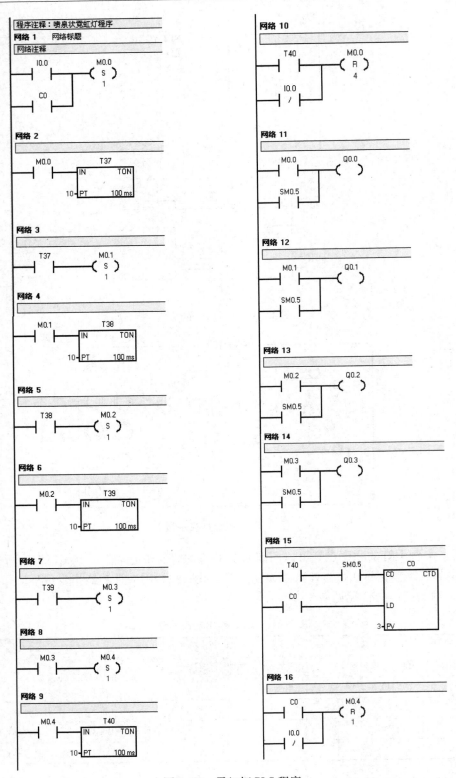

图 2-60　霓虹灯 PLC 程序

3）增减计数器（CTUD）

增减计数器在每一个 CU 输入端的上升沿递增计数，在每一个 CD 输入端的上升沿递减计数。当前值大于或等于设定值时，该计数器状态位置位。当复位输入 R 接通时，计数器状态位复位，当前值清零。

增减计数器的应用如图 2-61 所示。

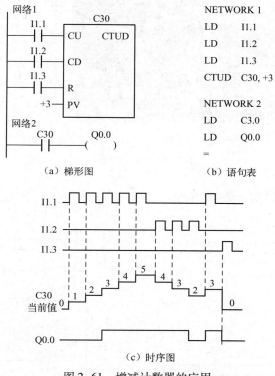

（a）梯形图　　　　　（b）语句表

（c）时序图

图 2-61　增减计数器的应用

例题 4： 闯关游戏机（图 2-62）的 PLC 程序设计。

设计一个闯关游戏机程序，规则如下：按开始键 SB1，游戏开始；按停止复位键 SB2，游戏结束。游戏开始后，如果操作正确，每闯一关（用传感器 SQ1 检测）积 1 分；如果操作错误，碰到"雷区"（用传感器 SQ2 检测）就减 1 分。若在 2min 内积够 5 分为胜利，否则算失败。闯关胜利亮绿色指示灯，如果失败红灯闪烁（亮 0.5s 灭 0.5s）。如要再玩游戏，需重新按开始键，若中间不想玩了，按停止复位键即可。

输入/输出接口的分配见表 2-22。

表 2-22　输入/输出接口的分配

输 入 部 分			输 出 部 分		
输 入 元 件	PLC 编程元件	作　　用	输 出 元 件	PLC 编程元件	作　　用
开始键 SB1	I0.0	游戏开始	EL1	Q0.0	闯关胜利指示
停止键 SB2	I0.1	游戏停止	EL2	Q0.1	闯关失败指示
传感器 2 SQ1	I0.2	胜利关			
传感器 3 SQ2	I0.3	失败关			

（a）游戏示意图

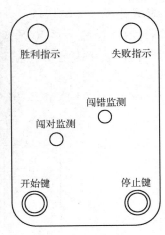

（b）游戏面板图

图 2-62　闯关游戏机

编制 PLC 梯形图程序如图 2-63 所示。

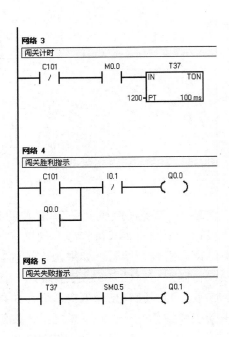

图 2-63　闯关游戏机程序

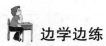边学边练

　　把上述四个例子的程序在 PLC 实训台上进行练习，如果没有相应的实训台或实训模块，其中一些输入元件（如传感器）可以用按钮、开关代替，显示元件可用指示灯代替。

二、任务实施

1. 器材准备

◆ 可编程控制器实训装置 1 台。

◆ 装有编程软件的计算机 1 台。

◆ PC/PPI 通信电缆线 1 根。

◆ 导线若干。

2. 实训内容

根据本任务描述所涉及的内容，设计 PLC 控制程序并调试运行。

系统分析：物料分拣用计数器计数，如果分拣出的金属件达到 6 个，则计数器计数 6 次，传送带停止运行 5s 之后自动进入下一个周期，传送带继续运行。

编程步骤及参考程序如下。

（1）列出输入/输出分配表

输入/输出接口的分配见表 2-23。

表 2-23　输入/输出接口的分配

输入部分			输出部分		
输入元件	PLC 编程元件	作　用	输出元件	PLC 编程元件	作　用
S1	I0.1	（传感器2）检测传送带上有无工件	KM	Q0.1	控制传送带电动机
S2	I0.2	（传感器3）检测金属件			

（2）绘制 PLC 外部硬件接线图

PLC 外部硬件接线图如图 2-64 所示。

（说明：S1、S2 所用传感器均为两线制型的，如果没有传感器，也可用按钮代替）。

（3）编制 PLC 梯形图程序

PLC 梯形图如图 2-65 所示。

（4）调试运行程序

根据任务，进行程序的运行与调试。

① 按照输入/输出分配表与外部接线图进行 PLC 主机单元与实训单元之间的接线。

② 连接计算机与 PLC 主机单元之间的通信电缆。

③ PLC 接电源。

④ 打开 PLC 的电源开关，"RUN/STOP" 置于 STOP 状态。

⑤ 用 STEP7-micro/WIN32 软件编程。

⑥ 下载程序至 PLC。

⑦ PLC 置于 "RUN" 状态，开始运行程序。

⑧ 按照控制要求操作面板上的开关，观察实验现象，判断是否实现程序功能。若不能实现，则通过 "程序状态监控" 找出错误并修改，重新调试，直至正确为止。

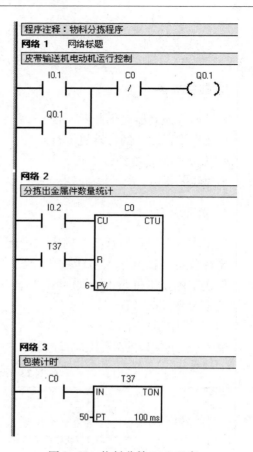

图 2-65　物料分拣 PLC 程序

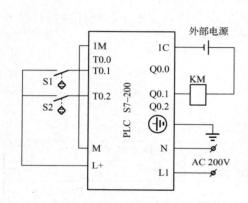

图 2-64　PLC 外部硬件接线图

3. 实训记录

（1）描述实验现象和工作原理。

（2）记录实验过程中出现的程序问题、接线问题及所采取的处理方法。

三、知识拓展

1. 传感器与西门子 S7 –200 PLC 的接线方法

在实际工程应用上，经常用到的传感器有两线制、三线制和五线制的。在与 PLC 连接线时要注意接线要求，否则可能会烧毁元器件或者传感器无法正常工作。

（1）两线制传感器等元件接线时可按照图 2-66 所示的接法。

（2）如果传感器为有源的，如图中 SQ2、SQ3，还要考虑电源 " + " " – " 极，棕色线接正极（L + ），蓝色线接负极（PLC 输入端），如图 2-67 和图 2-68 所示。

注意： 输入端接线时，可用 PLC 本身提供的 DC24V 电源，也可用外部提供的 DC24V 电源。但由于 PLC 本身提供的 DC24V 电源容量有限，若使用传感器等耗能元件过多时，应注意使用外加电源，还要注意一下警告内容。

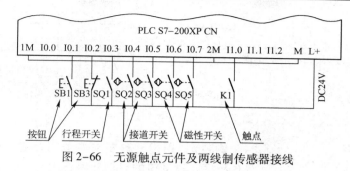

图 2-66　无源触点元件及两线制传感器接线

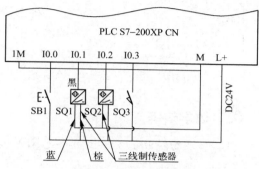

图 2-67　三线制 PNP 型传感器接线　　　　图 2-68　三线制 NPN 型传感器接线

2. 边沿触发指令

边沿触发是指用边沿触发信号产生一个机器周期的扫描脉冲，通常用作脉冲整形。边沿触发指令分为正跳变触发（脉冲上升沿）和负跳变触发（脉冲下降沿）两类。正跳变触点检测到输入脉冲的上升沿时，让能流接通一个扫描周期。负跳变触点检测到输入脉冲的下降沿时，让能流接通一个扫描周期。

边沿触发指令格式见表 2-24。

表 2-24　边沿触发指令格式

类　　型	正　跳　变	负　跳　变
梯形图（LAD）	——│P│——	——│N│——
语句表（STL）	EU（Edge Up）	ED（Edge Down）

正跳变触发的应用如图 2-69 所示。在 I0.1 的上升沿，触点产生一个扫描周期的脉冲，输出线圈 Q0.1 通电一个扫描周期。

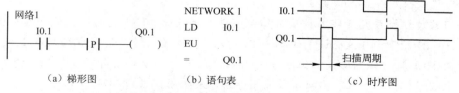

（a）梯形图　　　　（b）语句表　　　　（c）时序图

图 2-69　正跳变触发的应用

负跳变触发的应用如图 2-70 所示。在 I0.1 的下降沿，触点产生一个扫描周期的脉冲，输出线圈 Q0.2 通电一个扫描周期。

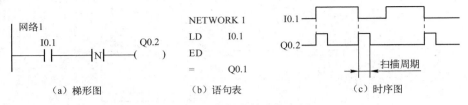

图 2-70　负跳变触发的应用

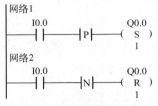

图 2-71　边沿触发指令的应用

例题 5：用边沿触发指令编制控制一台电动机启停的 PLC 程序。电动机的启动和停止用一个开关控制。

梯形图程序如图 2-71 所示。电动机的启停开关接 PLC 的输入端子 I0.0，当 I0.0 由断开变为接通时（上升沿），Q0.0 置位，电动机启动；当 I0.0 由接通变为断开时（下降沿），Q0.0 复位，电动机停止。

边学边练

（1）如果物料分拣设备上用的是 NPN 型三线制传感器，PLC 接线图该怎么画？PNP 型的呢？

（2）试用边沿触发指令编制用一个开关控制一盏指示灯的 PLC 程序，要求：接通开关，指示灯经过 5s 后点亮，断开开关后，指示灯立即熄灭。

思考与练习

（1）如果一个计数器的最大计数值是 32767，那么要计数 200000 该怎么实现？试编写出该程序。

（2）用定时器和计数器组合设计一个 10h 30min 的延时电路程序。

（3）编制一盏指示灯亮灭的控制程序，要求：按下启动按钮，指示灯立即点亮；按下停止按钮，指示灯闪烁三次后熄灭。

 # 任务五　顺序控制指令的使用

 ## 任务描述

本项目中，机械手用于将工件从工作台搬送到传送带上。上电时，机械手处在初始状态（原位，如图 2-72 所示），机械手的水平臂左摆在左极限位置，垂直臂缩回在上极限位置，原位指示灯 HL1 亮。各运动极限位置分别用磁性位置开关或接近开关来检测：下极限位置用 SQ1、上极限位置用 SQ2、右极限位置用 SQ3、左极限位置用 SQ4。

按下启动按钮 SB1，机械手开始从原位按以下顺序进行动作：垂直臂下降→夹紧工件 3s→垂直臂上升→水平臂右移→垂直臂下降→松开工件 2s→垂直臂上升→水平臂左移，回到原位后，再次循环运行。按下停止按钮 SB2，机械手把工件放到传送带后再返回到初始位置停止。

试设计 PLC 控制程序并调试运行。

任务分析

机械手的工作是按照一定的步骤或顺序一步一步进行的。在工程实际中，类似机械手这样有严格步骤工作的例子很多，有时还会出现并发顺序或选择顺序，以及跳转、循环等复杂情况，如交通灯、音乐喷泉、电动机顺序启停、生产线运行的控制等，仅用前面所述的一般逻辑控制指令编写程序很麻烦。采用顺序控制设计法，用顺序控制指令来编写程序不仅很容易被初学者接受，而且对于有经验的工程师来说还能提高设计效率。另外，运用这种方法进行程序的调试、修改和阅读会很方便。本任务就采用顺序控制的方法解决问题。

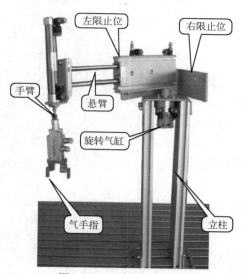

图 2-72 机械手示意图

任务目标

◆ 理解顺序控制设计法；

◆ 掌握顺序功能图的设计方法和基本类型；

◆ 理解顺序控制指令的意义，掌握顺序控制指令的功能并熟悉其编程格式；

◆ 掌握用顺序控制指令编程的方法；

◆ 了解 PLC 在工业生产过程中的应用，学会使用 PLC 系统解决生产实际问题；

◆ 能根据控制要求编写 PLC 控制程序，正确安装接线与调试运行。

一、基础知识

1. 顺序控制设计法与顺序功能图

1）顺序控制设计法简介

20 世纪 80 年代，法国科技人员发明了顺序控制设计法，该方法是用一种图形化的功能性语言来设计工业顺序控制程序的，即顺序功能图（SFC，Sequential Function Chart）语言。现在大部分基于 IEC61131-3（IEC 61131-3 标准是国际电工委员会制定的工业控制编程语言标准）编程的 PLC 都支持 SFC 语言，可用 SFC 直接编程，如西门子 S7-300/400 PLC。

但非 IEC61131-3 的 PLC 产品不能用 SFC 直接编程，如西门子 S7-200，它需要先根据控制要求设计出顺序功能图，然后根据功能图指令转化成梯形图，才能被 PLC 认可。

2）顺序功能图

顺序功能图又称功能流程图或状态转移图，它是一种描述顺序控制系统的图形表示方法，是专用于工业顺序控制程序设计的一种功能性说明语言。它能完整地描述控制系统的工作过程，是分析、设计电气控制系统控制程序的重要工具。当应用程序包含必须重复执行的操作时，采用这种方法可使编程变得简单、容易。

顺序功能图主要由"状态（步）"、"动作"、及"转移条件"组成。在顺序功能图中一般应

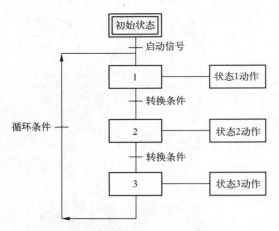

图 2-73   四个状态构成的顺序功能流程图

由状态和有向线段组成闭环。如图 2-73 所示为一个由四个状态（步）构成的顺序功能图。

（1）状态

状态也称步，可以把一个工作循环周期划分成若干个阶段。状态一般用矩形框中写上该状态的编号或代码来表示。

初始状态是功能图运行的起点，一个控制系统至少要有一个初始状态。初始状态的图形符号为双线的矩形框，在实际使用时，有时也画成单线矩形框。

工作状态是控制系统正常运行时的状态，如机械手复位是一种状态，机械手夹持工件也是一种状态。如图 2-73 所示的 1，2，3 就是三种状态。

动作是与状态对应的，在每个稳定的状态下，一般会有相应的动作（也可以没有动作）。动作用矩形框或者圆括号加文字或符号表示。当系统某一状态处于工作状态时，相应的动作被执行；当处于不活动状态时，相应的非存储性动作被停止执行或不执行。

程序执行到某步时，该步处于活动状态，称为活动步，状态位置 1，其余步为零。控制过程开始的活动步与系统初始状态相对应，称为初始步。

（2）转移

从一个状态转到另一个状态，称为转移。转移用一个有向线段表示，两个状态之间的有向线段上再用一段横线表示这一转移。

转移条件是指使系统从一个状态向另一个状态转移的必要条件，通常在转移的短横线旁边用文字、逻辑方程及符号表示。

转移要实现必须同时满足两个条件：该转移的前一状态都必须是活动状态；相应的转移条件得到满足。

转移实现时应完成两个操作：后续状态都变为活动状态；前级状态都变为不活动状态。

3）顺序功能图的构成规则

控制系统功能图的绘制必须满足以下规则：

① 状态与状态不能直接相连，必须用转移分开。

② 转移与转移不能直接相连，必须用状态分开。

③ 状态与转移、转移与状态之间的连接采用有向线段，从上向下画时，可以省略箭头；当有向线段从下向上画时，必须画上箭头，以表示方向。

④ 一个功能图至少要有一个初始状态。

2. 顺序控制指令及其应用

在西门子 S7 – 200 PLC 中有专用的顺序控制指令供用户使用，下面介绍顺序控制指令及其应用。

1）顺序控制继电器

顺序控制继电器又称为状态继电器，用 S 表示。顺序继电器是顺序控制指令的操作对象，用于组织机器操作或进入等效程序段的状态，与顺序控制指令配合使用实现顺序控制。S7-200 提供了 256 个顺序控制继电器，可以按位、字节、字、双字四种方式来存取。但这里使用的是 S 的位信息，每一个 S 位都表示功能图中的一种状态。

顺序控制继电器和辅助继电器 M 一样是内部继电器，与外部无任何联系，其线圈只能使用程序指令驱动，其动合触点和动断触点供用户编程使用。顺序继电器 S 也可作为普通继电器使用，但使用顺序控制指令时，必须使用顺序继电器 S。

2）顺序控制指令

顺序控制用三条指令来描述程序的步进状态，其指令格式见表 2-25。

表 2-25　顺序控制指令格式

LAD 格式	STL 格式	功　能	操 作 对 象
Sx,y 　SCR	LSCRSx. y	状态开始	S（位）
Sx,y ——（SCRT）	SCRTSx. y	状态转移	S（位）
——（SCRE）	SCRE	状态结束	无

（1）状态开始指令（LSCR）

状态开始指令（LSCR）用于标记一个 SCR 段的开始，当该段的顺序继电器置位时，即顺序控制继电器位 Sx. y = 1 时，该程序步执行。

（2）状态转移指令（SCRT）

当 SCRT 指令输入端有效时，一方面置位下一个 SCR 段的顺序继电器，以便使下一个 SCR 段开始工作；另一方面又同时使该段的顺序继电器复位，使该段停止工作。

（3）状态结束指令（SCRE）

状态结束指令（SCRE）用于标志 SCR 段的结束。将本顺序步的顺序控制继电器位清零，下一步顺序控制继电器位置 1。SCR 段必须用 SCRE 指令结束。

例题 1： 编写两盏指示灯循环点亮的 PLC 控制程序。要求：红灯亮 2s 后熄灭，绿灯亮；又过 2s 后，绿灯熄灭，红灯亮，如此循环显示。

系统分析：画出功能流程图如图 2-74 所示。在该顺序功能图中，1、2 为各个状态；状态对应的点红、熄绿是相应的动作；启动按钮、2s 时间为转移条件。状态 1 的动作为点亮红灯，熄灭绿灯，同时启动定时器，当转移条件 2s 满足时，转移到状态 2，同时关断状态 1；状态 2 的动作为点亮绿灯，熄灭红灯，同时启动定时器，当转移条件 2s 满足时，转移到状态 1，同时关断状态 2，构成了一个闭环。

把图 2-74（a）用 PLC 编程元件转化为图 2-74（b）的形式。

编制梯形图程序如图 2-75 所示。

系统分析：当 I0.0 输入有效时，启动 S0.0，执行程序的第一步：输出位 Q0.0 置 1（点亮红灯），Q0.1 置 0（熄灭绿灯），同时启动定时器 T37，经过 2s，步进转移指令将使 S0.1 置 1，S0.0 置 0，程序转入第二步。执行程序的第二步：输出位 Q0.1 置 1（点亮绿灯）、Q0.0 置 0（熄灭红灯），同时启动定时器 T38，经过 2s，步进转移指令使得 S0.0 置 1，S0.1 置 0，程序返回，进入第一步执行。如此周而复始，循环工作。

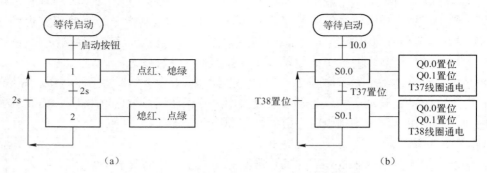

图 2-74　两盏灯顺序点亮的顺序功能图

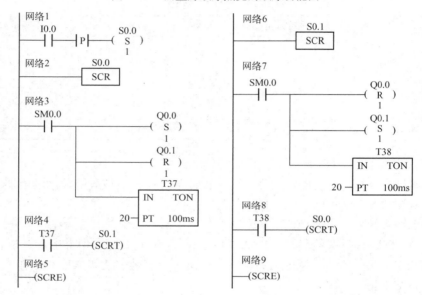

图 2-75　两盏灯顺序点亮的梯形图程序

3. 顺序功能图的类型及其应用

顺序功能图是一种图形语言，我们可以根据任务的不同，画出不同类型的顺序功能图。在工程实践中，常用的有单序列结构、可选择分支结构、并行序列结构、跳转和循环结构，以及混合结构几种类型。

1）单序列结构

单序列结构的顺序功能图是最简单的顺序功能图，每一步后面只有一个转移，每个转移后面只有一步。各个工步按顺序执行，上一工步执行结束，转换条件成立，立即开通下一工步，同时关断上一工步。图 2-74（a）和图 2-74（b）所示都是单序列结构的顺序功能流程图。

例题 2：十字路口交通信号灯的布置如图 2-76 所示，运行要求如图 2-77 所示，请设计 PLC 控制电路，编写控制程序，并在实验装置上安装接线及调试运行。

系统分析：这是有多个时间顺序的控制系统。东西方向的红灯亮 25s 期间，南北绿灯先亮 20s，再闪烁 3s 后灭，接着南北黄灯亮 2s；然后转为，南北方向的红灯亮 25s，东西绿灯先亮 20s，再闪烁 3s 后灭，接着东西黄灯亮 2s，完成一个周期。按照这个规律循环进行。假设只用一个控制开关对系统进行启停控制。

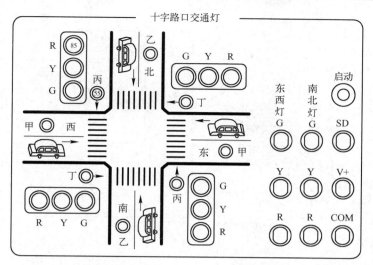

图 2-76　十字路口交通灯实验台面板

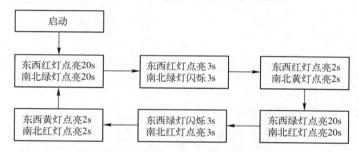

图 2-77　十字路口交通灯工作要求描述

为便于理解，对上述分析可以用工作时序图来表示，如图 2-78 所示。

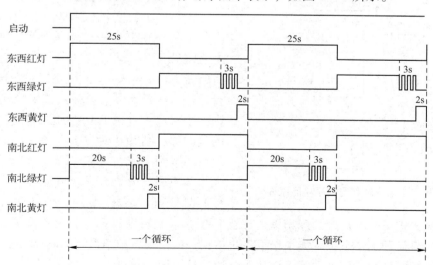

图 2-78　交通信号灯的工作时序图

（1）列出输入/输出分配表，见表 2-26。

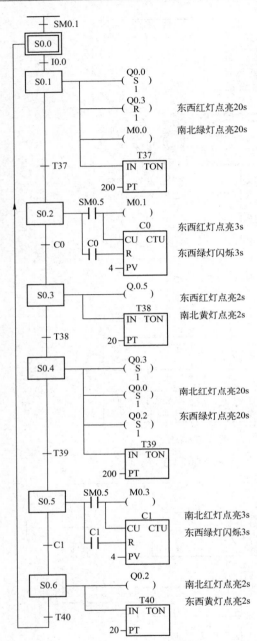

图 2-79 交通信号灯的顺序功能流程图

表 2-26 输入/输出接口的分配

输 入 部 分			输 出 部 分		
输入元件	PLC编程元件	作用	输出元件	PLC编程元件	作用
SD	I0.0	控制开关	东西灯 R	Q0.0	东西红灯
			东西灯 G	Q0.1	东西绿灯
			东西灯 Y	Q0.2	东西黄灯
			南北灯 R	Q0.3	南北红灯
			南北灯 G	Q0.4	南北绿灯
			南北灯 Y	Q0.5	南北黄灯

（2）画出功能流程图

如图 2-79 所示为交通信号灯的顺序功能流程图。该顺序功能图为单序列结构类型。

（3）编制梯形图程序，如图 2-80 所示。注意：在 SCR 段输出时，由于线圈不能和左母线直接相连，所以常用特殊继电器 SM0.0 来执行 SCR 段的输出操作。

2）选择分支结构

选择分支功能流程图的特点是有多条分支，需要进行选择，只能运行其中一条支路。

例题 3：设计一台分拣大小球的机械臂设备的 PLC 控制装置，如图 2-81 所示。

控制要求：当机械臂处于原始位置时，上限位开关 SQ3 和左限位开关 SQ4 均压下，抓球电磁铁处于失电状态。按下启动按钮 SB1 后，机械臂下行，当碰到下限位开关 SQ2 后停止下行，这时电磁铁得电吸球。如果吸住的是小球，则大小球检测开关 SQ1 为接通状态；如果吸住的是大球，则 SQ1 为断开状态。1s 后，机械臂上行，碰到上限位开关 SQ3 后右行，它会根据大小球不同，分别在 SQ5（小球）和 SQ6（大球）处停留，然后下行至下限位停止，电磁铁失电，机械臂把球放在对应的球箱里。球放下 1s 后，机械臂返回。如果不按停止按钮 SB2，机械臂会一直循环工作下去；如果按下停止按钮，机械臂将把本循环的动作完成后回到初始位置。再次按下启动按钮，系统可以从头开始循环工作。

系统分析：机械臂在分拣大小球过程中，无论是大球还是小球，都是严格按照"机械臂在初始位置→机械臂下行→抓球→机械臂上升→机械臂右行→机械臂下行→放球→机械臂上行→机械臂右行→机械臂回到初始位置→……"这一顺序进行工作的，这是典型的顺序

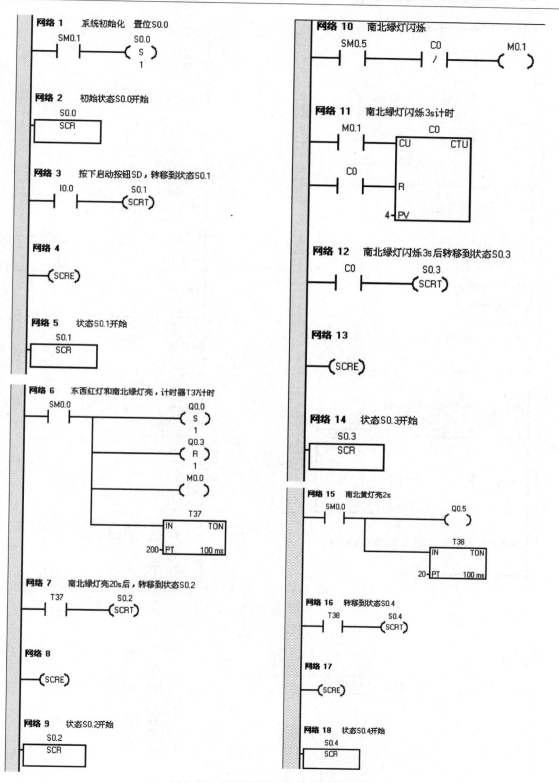

图 2-80 交通信号灯的 PLC 控制程序

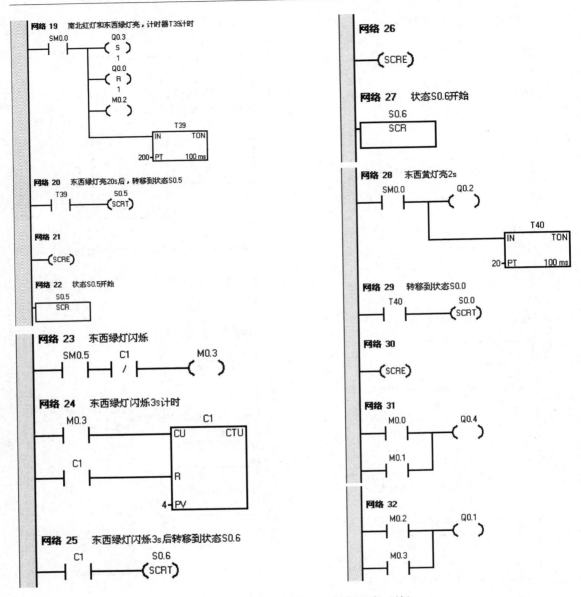

图 2-80　交通信号灯的 PLC 控制程序（续）

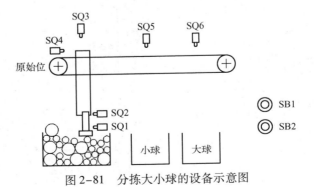

图 2-81　分拣大小球的设备示意图

控制。但与例题 2 "十字路口交通灯"的顺序控制不同点在于，由于电磁铁可能抓到大球也可能抓到小球，而且要放到不同的箱子里。因此，要根据电磁铁所抓到球的类型选择不同的放球路线。

（1）列出输入/输出接口分配表。

输入/输出接口分配表见表 2-27。

表 2-27　输入/输出接口的分配

输入部分			输出部分		
输入元件	PLC 编程元件	作　用	输出元件	PLC 编程元件	作　用
SB1	I0.0	启动按钮	HL	Q0.0	机械臂复位指示灯
SB2	I0.1	停止按钮	YA	Q0.1	电磁铁
SQ3	I0.2	上限位开关	KM1	Q0.2	机械臂下行接触器
SQ2	I0.3	下限位开关	KM2	Q0.3	机械臂上行接触器
SQ4	I0.4	左限位开关	KM3	Q0.4	机械臂右行接触器
SQ5	I0.5	小球右限位开关	KM4	Q0.5	机械臂左行接触器
SQ6	I0.6	大球右限位开关			
SQ1	I0.7	大小球检测开关			

（2）画出 PLC 接线图。

略。

（3）设计顺序功能图。

如图 2-82 所示为分拣大小球机械臂工作的顺序功能流程图。在电磁铁抓住球 1s 后考虑分两路（即用选择性分支）设计功能流程图。对于该顺序功能图注意以下几点。

① 分支支路的分与合的处理。由图 2-83 可以看出，当状态 S0.2 处于活动状态时，满足转移条件 T37 后，就分支路运行。当吸住大球时，SQ1 为断开状态，输入继电器 I0.7 的常闭触点（用文字符号 $\overline{I0.7}$ 表示）闭合，常开触点断开，顺序功能图选择右支路；反之，选择左支路。各选择支路最后还要汇合到干路上，各支路的最后一个状态在转移条件满足时就能转移到干路上。

② 关于"单周期操作/循环操作"的处理。因为本控制系统的设计"启动/停止"分别用两个按钮进行操作，为实现"单周期/循环"控制，本例中用 M0.0 的触点做一个选择逻辑。当 M0.0 得电时，其常开触点闭合，状态转移到 S0.1，执行循环操作；反之，M0.0 常闭触点闭合，状态转移到 S0.0，执行单周期操作。M0.0 选择逻辑的实现如图 2-83 所示梯形图中的网络 1。

（4）编制梯形图程序如图 2-83 所示。

3）并行序列结构

并行序列的特点是几条支路同时执行，功能流程图如例题 4 中的图 2-85 所示。

例题 4：编制三种液体混合装置的 PLC 控制程序。如图 2-84 所示，本装置为 A、B、C 三种液体混合模拟装置，其组成为液面传感器 SL1、SL2、SL3，电磁阀 YV1、YV2、YV3、YV4，搅匀电动机 M，加热器 H，以及温度传感器。该装置按照以下顺序进行工作，实现三种液体的混合、搅匀、加热等功能。

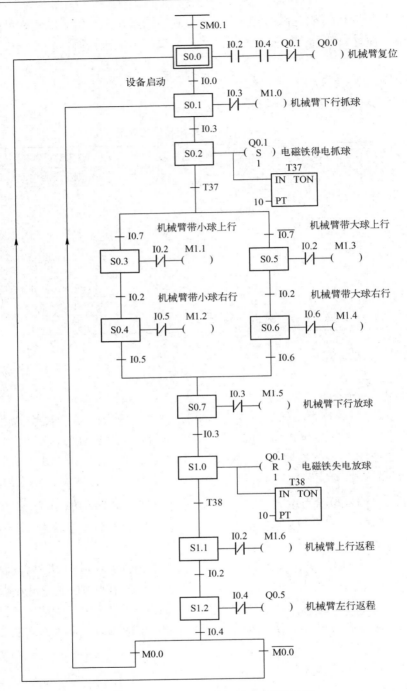

图 2-82　分拣大小球的顺序功能流程图

（1）打开"启动"开关，装置投入运行。首先液体 A、B、C 的阀门关闭，混合液阀门打开 10s 将容器放空后关闭，然后液体 A 的阀门打开，液体 A 流入容器。当液位到达 SL3 时，SL3 接通，关闭液体 A 的阀门，打开液体 B 的阀门。液位到达 SL2 时，关闭液体 B 的阀门，打开液体 C 的阀门。液位到达 SL1 时，关闭液体 C 的阀门。

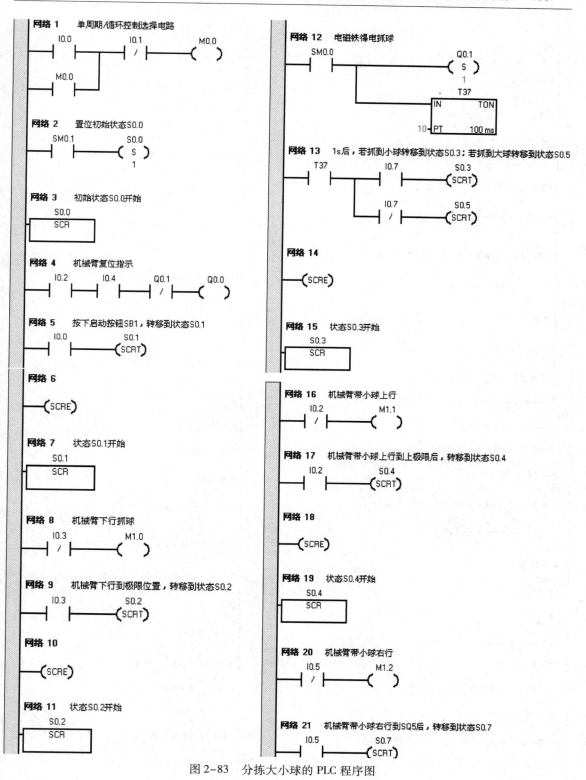

图 2-83　分拣大小球的 PLC 程序图

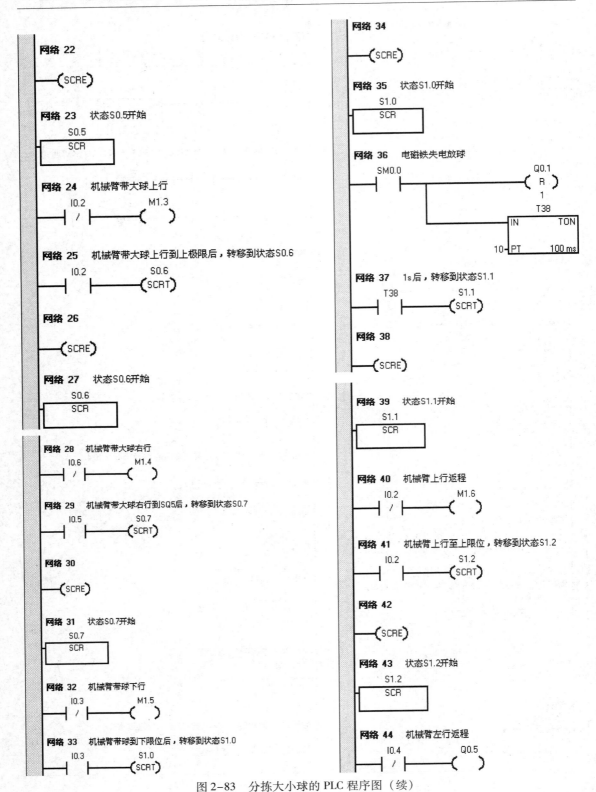

图 2-83 分拣大小球的 PLC 程序图（续）

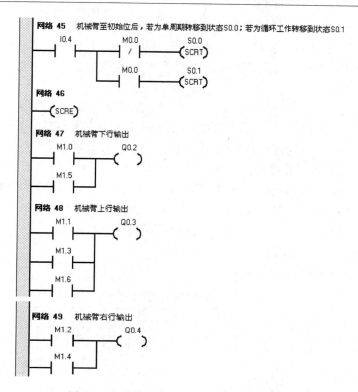

图 2-83　分拣大小球的 PLC 程序图（续）

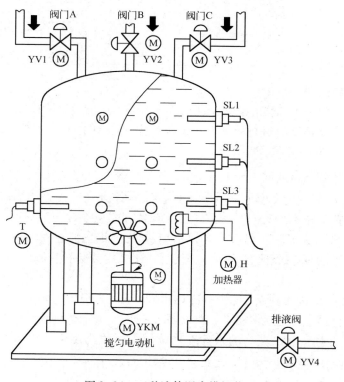

图 2-84　三种液体混合模拟装置

（2）搅匀电动机开始搅匀，加热器开始加热。若混合液体在 6s 内达到设定温度时，加热器停止加热，搅匀电动机工作 6s 后停止搅动；若混合液体加热 6s 后还没有达到设定温度，加热器继续加热，当混合液体达到设定温度时，加热器停止加热，搅匀电动机停止工作。

（3）搅匀结束以后，混合液体阀门打开，开始放出混合液体。当液位下降到 SL3 时，SL3 由接通变为断开，再过 2s 后，容器放空，混合液体阀门关闭，开始下一周期。

关闭"启动"开关，在当前的混合液体处理完毕后，停止操作。

系统分析：本例中从"排混合液→进 A 液→进 B 液→进 C 液→电动机开始搅匀、加热器开始加热→排混合液"的整个过程严格遵循顺序，可以考虑采用顺序控制。在控制要求中，"搅匀电动机开始搅匀"和"加热器开始加热"是同时进行的，且两项工作有相互等待的要求，因此，可以考虑用并行分支来设计该顺序控制功能图。

（1）列出输入/输出分配表

输入/输出接口的分配见表 2-28。

表 2-28　输入/输出接口的分配

输入部分			输出部分		
输入元件	PLC 编程元件	作　用	输出元件	PLC 编程元件	作　用
SD	I0.0	启动按钮	YV1	Q0.0	进液阀门 A
SL1	I0.1	液位传感器 SL1	YV2	Q0.1	进液阀门 B
SL2	I0.2	液位传感器 SL2	YV3	Q0.2	进液阀门 C
SL3	I0.3	液位传感器 SL3	YV4	Q0.3	排液阀门
T	I0.4	温度传感器 T	KM1	Q0.4	控制搅匀电动机 M 接触器
			KM2	Q0.5	控制加热器 H 的接触器

（2）画出顺序功能图

如图 2-85 所示为多种液体混合装置的 PLC 控制顺序功能图。"搅匀电机搅匀"和"加热器加热"是分两个支路同时进行的。对于此类顺序功能图注意以下几点：

① 对于并行分支的分开与合并。

在本例中，并行分支是从同一个状态 S0.5，由同一个转移条件Q0.2转移到不同的分支状态，即同时将两支路的状态 S0.6、S0.7 激活，然后各支路按自己的顺序工作。在各分支进行合并时，由于各支路不一定同时结束，往往在各支路里设计一个等待状态，它不作任何动作，如本例中的 S0.7、S1.0。只有当 S1.0、S1.1 两个状态都被激活后，它们对应的常开触点都闭合，才能激活下一个状态 S1.2（即置位 S1.2），同时复位上面的等待状态 S1.0、S1.1。

② 并行分支合并后转移到新的状态可以有转移条件，但有时看不到明显的转移条件，其实这时的转移条件就是永远为"真"，即只要每一个合并分支的最后一个状态都为"ON"时就可以转移。这一永远为"真"的条件在功能图上可以写出来，也可以省略不写。状态 S1.4 结束后，在向初始状态转移时，转移条件用的是Q0.3。

（3）编制梯形图程序如图 2-86 所示。

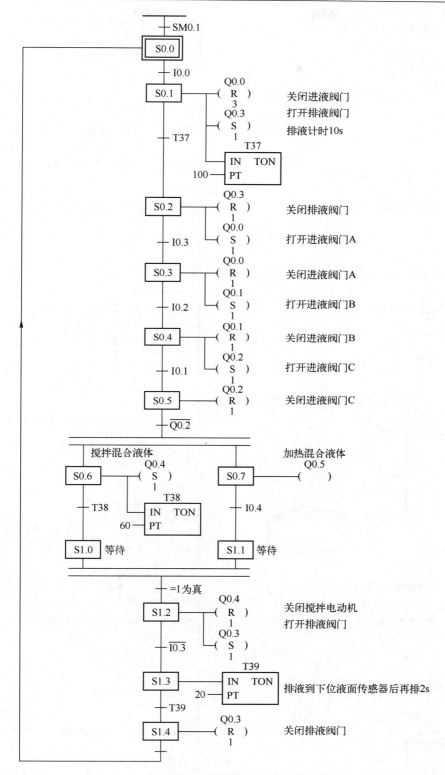

图 2-85　多种液体混合装置的 PLC 控制顺序功能图

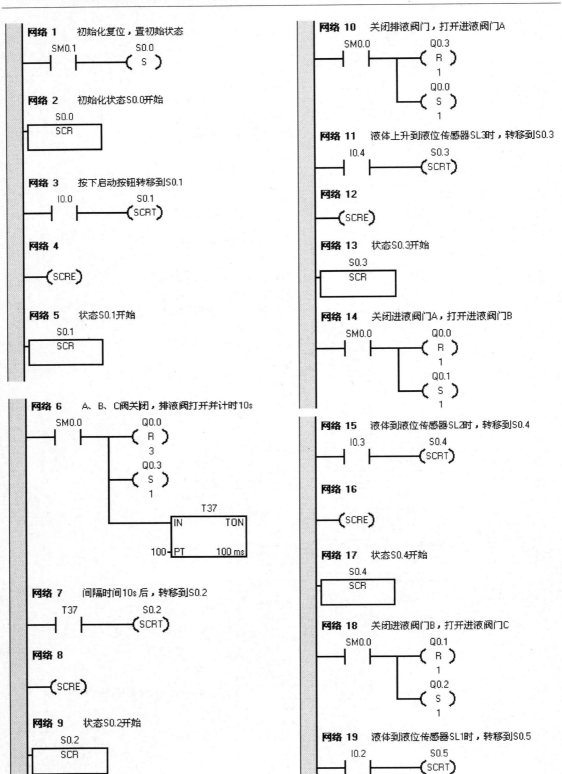

图 2-86　多种液体混合装置的 PLC 程序

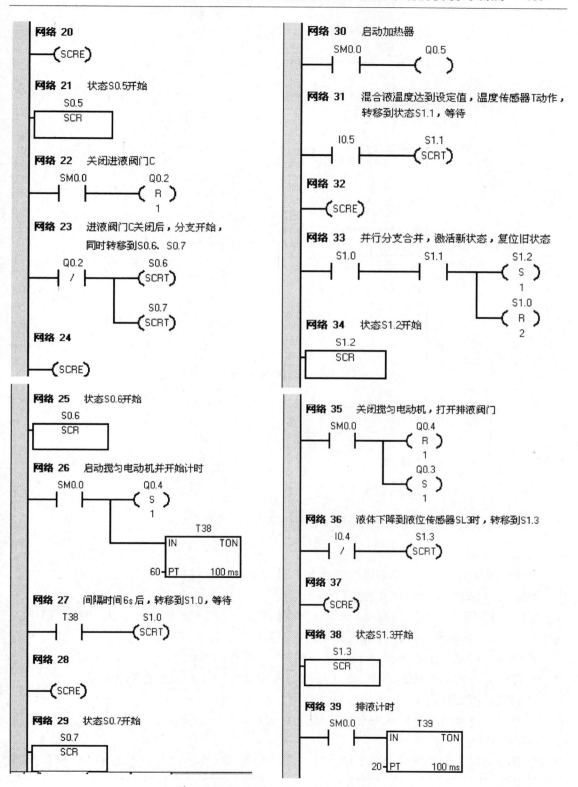

图2-86 多种液体混合装置的PLC程序（续）

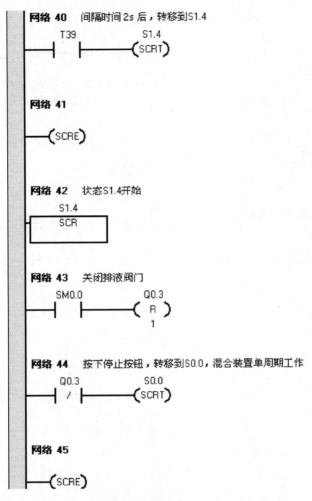

图 2-86 多种液体混合装置的 PLC 程序（续）

4）跳转和循环结构

跳转和循环结构的顺序功能图如例题 5 中图 2-88 所示。

例题 5： 自动洗衣机的 PLC 控制

如图 2-87 所示，总体控制要求：洗衣机启动后，按以下顺序进行工作：洗涤（1 次）→漂洗（2 次）→脱水→发出报警，衣服洗好。具体要求如下：

① 洗涤：进水→正转 5s，停 1s，反转 5s，5 个循环→排水。

② 漂洗：进水→正转 5s，停 1s，反转 5s，5 个循环→排水。漂洗要进行两次。

③ 报警：报警灯亮 4s。

④ 进水：进水阀打开后水面升高，首先液位开关 SL2 闭合，然后 SL1 闭合，SL1 闭合后，关闭进水阀。

⑤ 排水：排水阀打开后水面下降，首先液位开关 SL1 断开，然后 SL2 断开，SL2 断开1s 后停止排水。

⑥ 脱水：脱水 5s 后报警，报警 5s 后停机。

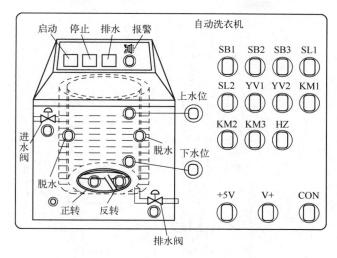

图 2-87　自动洗衣机的 PLC 控制

⑦ 强制排水和停机：按排水按钮 SB3 可强制排水。按下停止按钮 SB2，洗衣机立即停机。

系统分析：本例中洗衣机洗涤时波轮的正反转要重复 5 次，而漂洗过程也要进行两次，这些重复的动作可以看作洗衣过程中某些步的循环。当循环次数不够设计要求时，继续要循环的步；当循环次数够了就向下面的步进行。因此，在功能图设计时需考虑带有选择和循环结构的类型。

（1）列出输入/输出分配表

输入/输出接口的分配见表 2-29。

表 2-29　输入/输出接口分配表

输入部分			输出部分		
输入元件	PLC 编程元件	作　用	输出元件	PLC 编程元件	作　用
SB1	I0.0	启动按钮	YV1	Q0.0	进水阀
SB2	I0.1	停止按钮	YV2	Q0.1	排水阀
SB3	I0.2	排水按钮	KM1	Q0.2	正转洗涤
SL1	I0.3	水位上限位	KM2	Q0.3	反转洗涤
SL2	I0.4	水位下限位	KM3	Q0.4	脱水
			HZ	Q0.5	报警

（2）画出 PLC 接线图

略。

（3）画出顺序功能图，如图 2-88 所示。

① 用计数器 C0 来计洗涤循环次数，用其常开点和常闭点构成选择性分支。洗涤次数不够时，C0 的常闭点闭合，往 S0.2 状态转移，波轮继续正转、反转，进行洗涤，构成一个小循环；洗涤次数够了，C0 的常开点闭合，常闭点断开，往状态 S0.5 转移。同样道理，对于漂洗来说，其实就是将洗涤、排水、脱水过程重复几次，也是构成循环。不过，根据洗涤要

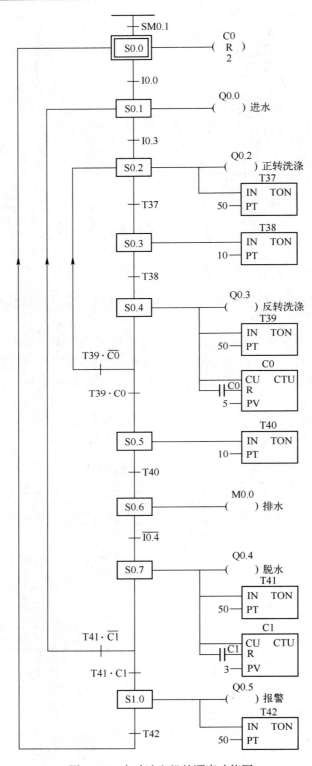

图 2-88　自动洗衣机的顺序功能图

求要漂洗 2 次，加上第一次洗涤的过程，在计数器 C1 的预置值设定时，要设为 3。

② 从排水到脱水的转移条件用的是 I0.4 的常闭点，是因为 I0.4 用的是下限位液位开关 SL2（假设用的是其常开型的），在水没排完时，其常开触点闭合。当水排完时，SL2 的常开触点断开。因此，应采用 I0.4 的常闭点作为转移条件。

（4）编写 PLC 程序。

略。

5）混合结构

混合结构就是不是单一的选择、并列、跳转等结构，一个混合结构的功能流程图可能既有选择结构又有并列或者跳转、循环结构。

关于混合结构功能流程图的例子不再列举，其设计方法和转化为梯形图的办法可参照上述 4 种即可。

 边学边练

> 喷泉有三组喷头，要求启动后，A 组先工作 5s 后停止，此时 B、C 组同时工作，5s 后 B 组停止，再过 5s C 组停止，而 A、B 组开始工作，再过 2s C 组也工作；在 C 组持续工作 5s 后全部停止，再过 3s 又重复前述过程。试编写流程图和 PLC 控制程序。

二、任务实施

1. 器材准备

◆ 气动机械手（含各传感器）1 套。
◆ 可编程控制器实训装置 1 台。
◆ 装有编程软件的计算机 1 台。
◆ PC/PPI 通信电缆线 1 根。
◆ 导线若干。

2. 实训内容

根据本任务描述所涉及的内容，设计 PLC 控制程序并调试运行。

系统分析：机械手的工作是按照一定的顺序进行的，本任务采用顺序控制设计法编程。机械手水平臂的左右移动、垂直臂的升降、手爪的抓紧与松开均由气缸带动，此处气动回路的控制均采用单电控二位电磁换向阀。当下降电磁阀线圈通电时，机械手下降，断电时机械手即上升；当右移电磁阀线圈通电时，机械手右移，断电时机械手左移；当手爪电磁阀线圈通电时执行夹紧动作，断电时由电磁阀弹簧自动执行松开动作。

编程步骤及参考程序如下。

1）列出输入/输出分配表

输入/输出接口的分配见表 2-30。

表 2-30   输入/输出接口的分配

输入部分			输出部分		
输入元件	PLC 编程元件	作　用	输出元件	PLC 编程元件	作　用
SB1	I0.0	启动按钮	HL1	Q0.0	原位指示灯
SB2	I0.1	停止按钮	YV1	Q0.1	下降电磁阀
SQ1	I0.2	下极限位置开关	YV2	Q0.2	手爪电磁阀
SQ2	I0.3	上极限位置开关	YV3	Q0.3	右移电磁阀
SQ3	I0.4	右极限位置开关			
SQ4	I0.5	左极限位置开关			

2）绘制 PLC 外部硬件接线图

PLC 外部硬件接线图如图 2-89 所示。

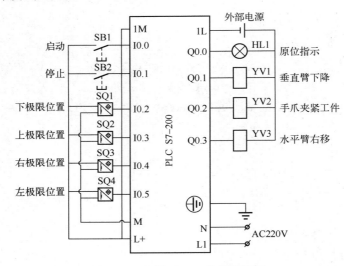

图 2-89　机械手 PLC 外部接线图

3）设计顺序功能图

顺序功能图如图 2-90 所示。

根据有关机械手任务描述的内容，机械手上电或停止后都停留在初始位（原位），即水平臂在左极限位置，垂直臂在上极限位置，原位指示灯 HL1 亮。结合 PLC 接线图，在设计顺序功能图时，起始状态 S0.0 对应的动作是复位各电磁换向阀，当各气缸复位到位后，原位指示灯 HL1 亮。当按下启动按钮后，机械手按照动作顺序依次动作。在设计此顺序功能图时还应考虑以下几点。

① 手爪夹紧工件或松开工件由手爪电磁阀驱动，并加传感器进行检测，顺序功能图的转移条件是夹紧工件或松开工件后所停留的时间。

② 机械手循环工作与停机的处理仍然采用了本任务中例题 2 的处理方法。

③ 由于气缸的控制用的都是单控电磁换向阀，因此机械手在工作过程中各气缸保持指定的状态，设计时各状态对应的动作采用了置位/复位指令。

4）编制 PLC 梯形图程序

PLC 梯形图程序如图 2-91 所示。

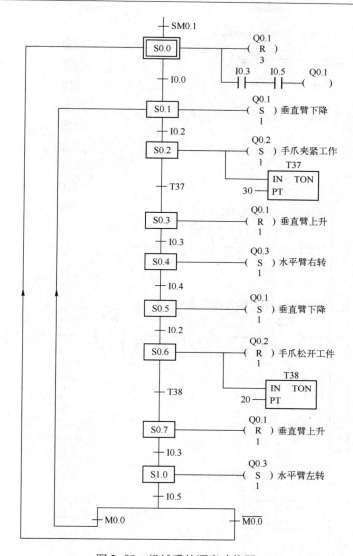

图 2-90　机械手的顺序功能图

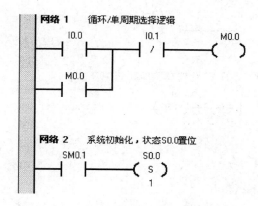

图 2-91　机械手的 PLC 梯形图程序

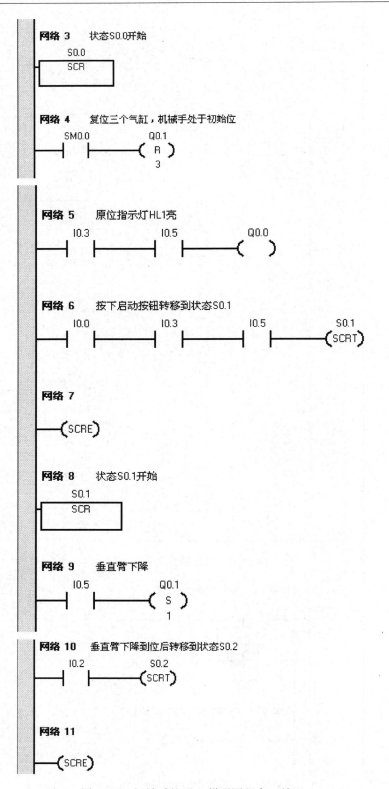

图 2-91　机械手的 PLC 梯形图程序（续）

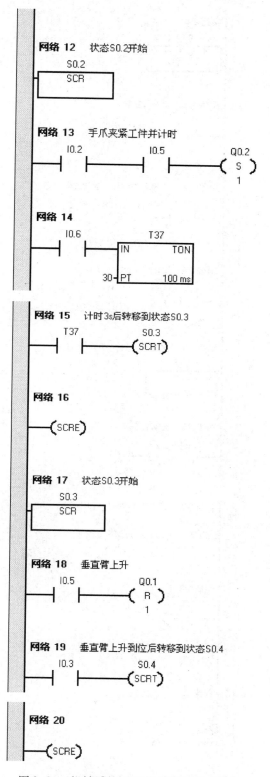

图 2-91 机械手的 PLC 梯形图程序（续）

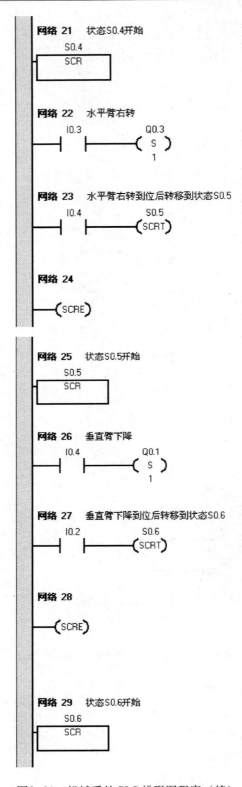

图2-91　机械手的 PLC 梯形图程序（续）

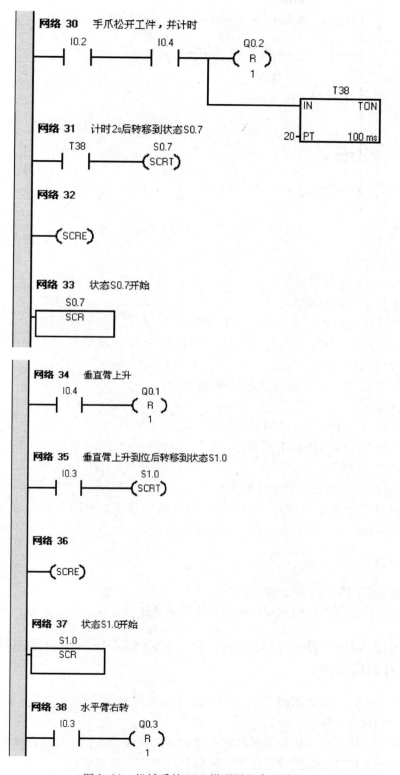

图 2-91　机械手的 PLC 梯形图程序（续）

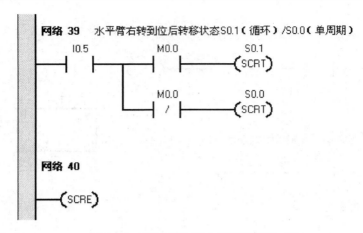

图 2-91 机械手的 PLC 梯形图程序（续）

5）调试运行程序

根据任务进行程序的运行与调试。

① 按任务要求组装机械手。

② 连接气压传动回路，并手动操作检查气路。

③ 按照输入/输出分配表与外部接线图，进行 PLC 主机单元与实训单元之间的接线（注意：传感器与 PLC 接线要注意 "＋""－" 极）。

④ 连接计算机与 PLC 主机单元之间的通信电缆。

⑤ PLC 接电源。

⑥ 打开 PLC 的电源开关，"RUN/STOP" 置于 STOP 状态。

⑦ 用 STEP7-Micro/WIN32 软件编程。

⑧ 下载程序至 PLC。

⑨ PLC 置于 RUN 状态，开始运行程序。

⑩ 按照控制要求操作实训台上的开关，观察实验现象，判断是否能够实现程序功能。若不能实现，则通过 "程序状态监控" 找出错误并修改，重新调试，直至正确为止。

3. 实训记录

（1）描述实验现象和工作原理。

（2）记录实验过程中出现的程序问题、接线问题及所采取的处理方法。

三、知识拓展——使用 "启—保—停" 电路模式把顺序功能图转化成梯形图的编程方法

根据例题 1 中顺序功能图转化成梯形图的方法可以总结出使用 "启—保—停" 电路模式的编程方法的基本思路。

在梯形图中，只有前一状态为活动状态且转移条件成立时，才能进行状态转移，且总是将代表前一状态的位存储器的常开触点与转换条件对应的触点串联，作为代表后续步中间继电器得电的条件。当后续状态被激活时，应将前一状态关断，所以用代表后续状态的中间继

电器的常闭触点串联在前一状态的电路中。

例题 5：如图 2-92 所示为某组合机床的工作台动作示意图，初始状态时停在左极限位置，限位开关 SQ3 被压下。按下启动按钮 SB，工作台的运动按照"快进→工进→快退→原位停止"的顺序工作。快进时电磁阀 YV1 和 YV2 同时通电，工进时 YV2 单独通电，快退时 YV3 通电。试用 M 指令编写流程图和 PLC 程序。

（1）列出 I/O 分配表。

I/O 分配表见表 2-31。

表 2-31　输入/输出接口的分配表

输入部分			输出部分		
输入元件	PLC 编程元件	作　用	输出元件	PLC 编程元件	作　用
S	I0.0	启动开关	YV1	Q0.0	工作台快进
SQ1	I0.1	换工进行程开关	YV2	Q0.1	工作台工进
SQ2	I0.2	换快退行程开关	YV3	Q0.2	工作台快退
SQ3	I0.3	停止行程开关			

（2）设计顺序功能图，如图 2-93 所示。

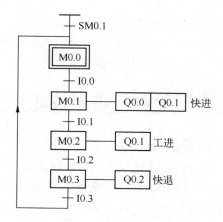

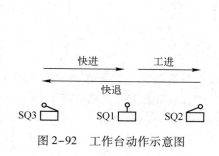

图 2-92　工作台动作示意图　　　　图 2-93　工作台控制顺序功能图

（3）编制 PLC 梯形图程序

PLC 梯形图如图 2-94 所示。

 边学边练

试用"启—保—停"电路模式编制十字路口交通灯的程序。

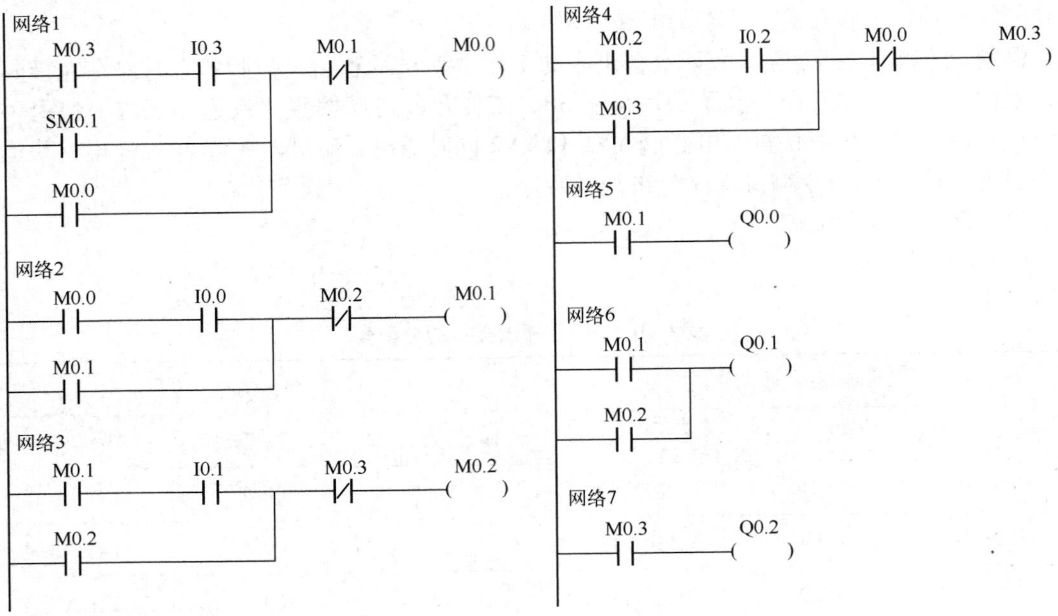

网络1

网络4

网络2

网络5

网络3

网络6

网络7

图 2-94　工作台控制梯形图

思考与练习

（1）顺序功能图的组成要素有哪些？何时可以执行某一步的动作？

（2）有3台电动机，要求启动时每隔8min依次启动一台，每台运行8h后自动停止。运行过程中还可以用停止按钮将3台电动机同时停机，试画出顺序功能图，并编制其控制程序。

任务六　数据传送指令的使用

任务描述

在物料分拣过程中，如分拣设备检测到连续出现2个塑料件，则红色指示灯EL1闪烁，绿色指示灯EL2熄灭，系统不能进行分拣。此时按下停止按钮SB2，红灯不再闪烁，系统回到初始上电待机状态。试用数据传送指令设计PLC控制程序并调试运行。

任务分析

2个塑料件检测的控制应采用计数器指令，数据的处理需要用数据传送指令，数据传送指令用于常数与各存储单元之间，以及各存储单元之间的数据传送。本任务要求用数据传送指令编制PLC程序。

任务目标

◆ 理解与掌握数据传送指令的功能及应用；

◆ 能够根据控制要求用数据传送指令编制PLC程序；

◆ 掌握变量存储器的功能及应用；

◆ 了解比较指令的功能及应用；

◆ 熟悉 PLC 在工业生产过程中的应用，能够用 PLC 系统解决生产实际问题。

一、基础知识

PLC 的传送指令用于常数与各个存储单元，以及各个存储单元之间的数据传送，在传送过程中，源操作数据被传送到目的存储单元中，源操作数据不变。

数据传送指令分为单个数据传送指令和数据块传送指令。

1. 单个数据传送指令

指令格式见表 2-32。MOV 为传送指令符号，传送的数据类型有字节（B）、字（W）、双字（DW）、实数（R）等。当使能端 EN 有效时，把输入端（IN）的数据传送到输出端（OUT）。

表 2-32　单个数据传送指令的格式及功能

指令类型	LAD	功　能
传送字节指令（MOVB）	MOV_B　EN ENO　IN OUT	把输入字节（IN）传送到输出字节（OUT），在传送过程中不改变字节的大小
传送字指令（MOVW）	MOV_W　EN ENO　IN OUT	把输入字节（IN）传送到输出字节（OUT），在传送过程中不改变字的大小
传送双字指令（MOVDW）	MOV_DW　EN ENO　IN OUT	把输入字节（IN）传送到输出字节（OUT），在传送过程中不改变双字的大小
传送实数指令（MOVR）	MOV_R　EN ENO　IN OUT	把输入字节（IN）传送到输出字节（OUT），在传送过程中不改变实数的大小

例如，图 2-95 所示的常数与存储单元之间的传送，按下启动按钮后，对中间继电器 M0～M4 进行清零，可采用数据传送指令，把数据 0 送入从 M0 开始的四个字节 M0～M4 中，即双字 MD0。

又如，图 2-96 所示的存储单元之间的传送，当 I0.0 接通时，把 QB2 中的一个字节数据传送到 QB0 中。

图 2-95　双字传送指令的应用　　　　　图 2-96　字节传送指令的应用

2. 数据块传送指令

数据块传送指令格式见表 2-33。此指令一次可完成 N 个数据的成组传送，包括字节块传送（BMB）、字块传送（BMW）和双字块传送（BMD）指令，传送指定数量的数据到一个新的存储区，数据的起始地址为 IN，数据长度为 N 个字节、字或者双字，新数据块的起始地址为 OUT。当使能端 EN 有效时，把从输入端 IN 开始的 N 个数据（字节、字或双字）传送到以输出端 OUT 开始的 N 个字节、字或双字中。

表 2-33 数据块传送指令的格式及功能

指令类型	LAD	功　　能
传送字节块指令 （BMB）	BLKMOV_B EN　ENO IN　OUT N	从输入字节（IN）开始的 N 个字节值传送到输出字节（OUT）开始的 N 个字节中，N 的取值范围为 1~255
传送字块指令 （BMW）	BLKMOV_W EN　ENO IN　OUT N	从输入字（IN）开始的 N 个字值传送到输出字（OUT）开始的 N 个字值，N 的取值范围为 1~255
传送双字块指令 （BMD）	BLKMOV_D EN　ENO IN　OUT N	从输入双字（IN）开始的 N 个字值传送到输出双字（OUT）开始的 N 个字值，N 的取值范围为 1~255

例如，把 MB1 开始的两个连续字节中的数据传送到 QB0 开始的两个连续字节存储单元中。如图 2-97 所示。

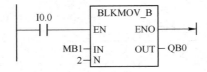

图 2-97 数据块传送指令的应用

数据传送指令的操作数范围见表 2-34。

表 2-34 数据传送指令的操作数范围

类　　型	操　作　数	范　　围
位	使能端 EN	I、Q、M、T、C、SM、V、S、L
字节（B）	输入 IN	VB、IB、QB、MB、SB、SMB、LB、AC、常数
	输出 OUT	VB、IB、QB、MB、SB、SMB、LB、AC
字（W）	输入 IN	VW、IW、QW、MW、SW、SMW、LW、T、C、AIW、AC、常数
	输出 OUT	VW、IW、QW、MW、SW、SMW、LW、T、C、AQW、AC
双字（DW）	输入 IN	VD、ID、QD、MD、SD、SMD、LD、DAC、HC
	输出 OUT	VD、ID、QD、MD、SMD、LD、AC、SD

例题 1：用数据传送指令实现多盏灯的点亮和熄灭。要求：按下 SB1 按钮，1，3 灯点亮，按下 SB2 按钮，2，4 灯点亮，按下 SB3 按钮，四盏灯全部熄灭。

编制如图 2-98 所示的 PLC 程序，I0.1 对应 SB1 按钮，I0.2 对应 SB2 按钮，I0.3 对应 SB3 按钮，四盏灯分别对应 PLC 的输出地址 Q0.0 ~ Q0.3。

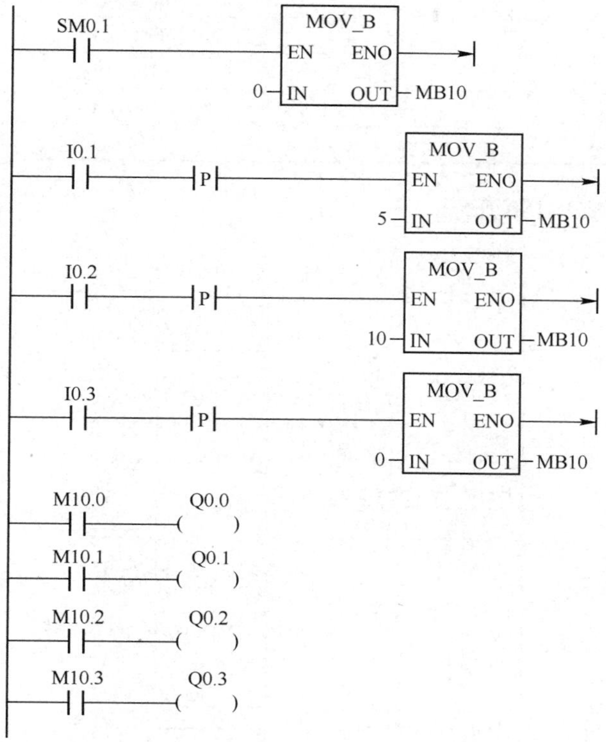

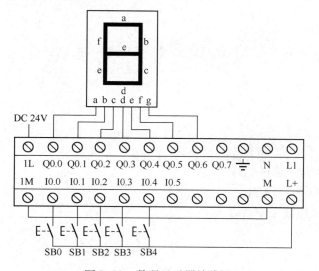

图 2-98　多盏灯的点亮和熄灭

例题 2： 按下 I0.0 ~ I0.4 对应的按钮，用数码显示器显示 0 ~ 4 五个数字，字符对应表见表 2-35，七段数码显示器接线图如图 2-99 所示。

图 2-99　数码显示器接线图

表 2-35　字符对应表

输入元件	应显示数字	点亮数码管	对应二进制数	对应十进制数
I0.0	0	a、b、c、d、e	0011 1111	63
I0.1	1	b、c	0000 0110	6
I0.2	2	a、b、d、e、g	0101 1011	91
I0.3	3	a、b、c、d、g	0100 1111	79
I0.4	4	b、c、f、g	0110 0110	102

数码显示程序如图 2-100 所示。

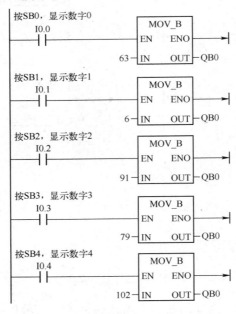

图 2-100　数码显示程序

 边学边练

用数据传送指令编写 3 台电动机同时启动、同时停止的 PLC 程序。

二、任务实施

1. 器材准备

◆ 可编程控制器实训装置 1 台。

◆ 装有编程软件的计算机 1 台。

◆ 机械手系统实验模板 1 块。

◆ PC/PPI 通信电缆线 1 根。

◆ 导线若干。

2. 实训内容

根据本任务描述所涉及的内容，设计 PLC 控制程序并调试运行。

　　系统分析：系统工作时，气缸 2 每动作一次，推出一个塑料件，气缸 2 动作一次后，如果接下来是气缸 1 动作，计数器复位为零，如果是气缸 2 连续动作，则设备停止工作，红色指示灯 EL1 闪烁，绿色指示灯 EL2 熄灭。此时按下停止按钮 SB2，红灯不再闪烁，系统回到初始上电待机状态。可使用多种方法编写此程序，在此使用数据传送指令编写。

　　编程步骤及参考程序如下。

（1）输入/输出接口的分配

　　输入/输出接口的分配见表 2-36。模拟运行时可用行程开关或按钮代替传感器。

表 2-36　输入/输出接口分配表

输 入 部 分			输 出 部 分		
输 入 元 件	PLC 编程元件	作　　用	输 出 元 件	PLC 编程元件	作　　用
SB2	I0.0	停止按钮	KM	Q0.0	控制电动机接触器
SQ1	I0.1	传感器 2	YV1	Q0.1	气缸 1 伸出
SQ2	I0.2	传感器 3	YV2	Q0.2	气缸 2 伸出
SQ3	I0.3	传感器 4	EL1	Q0.3	红色指示灯
SQ4	I0.4	气缸 1 伸出极限	EL2	Q0.4	绿色指示灯
SQ5	I0.5	气缸 1 缩回极限			
SQ6	I0.6	气缸 2 伸出极限			
SQ7	I0.7	气缸 2 缩回极限			

（2）PLC 外部硬件连接示意图（图 2-101）

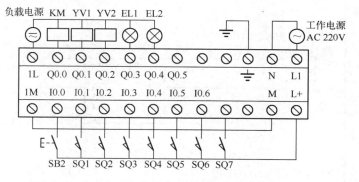

图 2-101　PLC 外部硬件连接示意图

（3）PLC 梯形图程序（图 2-102）

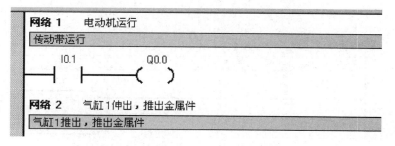

图 2-102　物料分拣的 PLC 梯形图控制程序

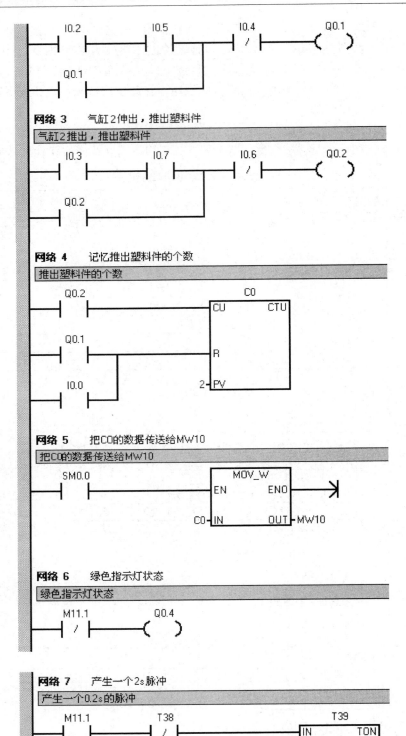

图 2−102 物料分拣的 PLC 梯形图控制程序（续）

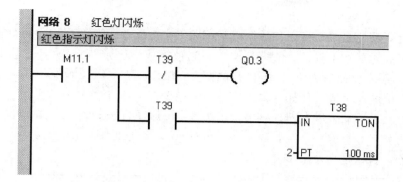

图 2-102　物料分拣的 PLC 梯形图控制程序（续）

（4）调试程序并运行

根据任务要求，完成下列工作。

① 按照输入/输出分配表与外部接线图，进行 PLC 主机单元与实训单元之间的接线。

② 连接计算机与 PLC 主机单元之间的通信电缆。

③ PLC 接电源。

④ 打开 PLC 的电源开关，"RUN/STOP" 置于 STOP 状态。

⑤ 用 STEP7-Micro/WIN32 软件编程。

⑥ 下载程序至 PLC。

⑦ PLC 置于 RUN 状态，开始运行程序。

⑧ 按照控制要求操作面板上的开关，观察实验现象，判断是否实现程序功能。若不能实现，则通过 "程序状态监控" 找出错误并修改，重新调试，直至正确为止。

3. 实训记录

（1）描述实验现象和工作原理。

（2）记录实验过程中出现的程序问题、接线问题及所采取的处理方法。

三、知识拓展

1. S7-200 PLC 的数据存储方式

1）位

位是计算机存储数据的最小单位。二进制数的 1 个位（bit）有 0 和 1 两种不同的取值用来表示开关量（或称数字量）的两种不同状态，如果该位是 1，表示梯形图中对应编程元件的线圈 "通电"，其常开触点接通，常闭触点断开，如果该位是 0，则对应编程元件的线圈和触点的状态与上述相反。

数字可以用多位二进制数来表示，遵循逢 2 进 1 的运算规则。每一位都有一个权值，0 为最低位，从右往左位数依次升高，第 n 位的权值为 2^n。例如，二进制数 1101，它的最低位为 1，对应的十进制数为：

$$1 \times 2^3 + 1 \times 2^2 + 0 \times 2^1 + 1 \times 2^0 = 13$$

2）字节、字与双字

PLC 与计算机类似，其指令和数据也是按照一个存储单元存放在相应的存储器里的。存储器容量以字节为基本单位，一般把 8 位二进制数组成一个字节（Byte），其中第 0 位为最低位（LSB），第 7 位为最高位（MSB），如图 2–103 所示。S7 –200PLC 位存储单元的地址由字节地址和位地址组成，例如，输入字节 IB3 由 I3.0～I3.7 这 8 个位组成，对于 I3.5，I 为区域标识符，表示输入继电器，字节地址为 3，位地址为 5，如图 2–104 所示。

相邻的两个字节组成一个字（Word），如 QW0 是由 QB0 和 QB1 组成的一个字，0 是起始字节的地址，QB0 是高位字节。

相邻的两个字组成一个双字（Double Word），即一个双字由相邻的 4 个字节组成，如 VB100～VB103 组成双字 VD100，100 是起始字节的地址，VB100 是最高位字节。如图 2–105 所示。

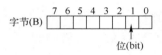

图 2–103　字节与位

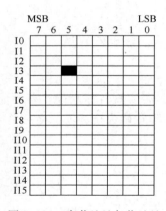

图 2–104　字节地址与位地址

图 2–105　字与双字

3）S7 –200 PLC 的寻址方式

PLC 将指令或数据存入或取出时要通过寻址，在 S7 –200 PLC 中，CPU 存储器的寻址方式有直接寻址和间接寻址两种形式。在此仅简单介绍一下直接寻址方式。

直接指出元件名称的寻址方式称作直接寻址。直接寻址又分位寻址、特殊器件寻址和字节寻址。

（1）位寻址格式

位寻址格式为：Ax.y，使用时必须指定元件名称、字节地址和位号，如 I3.5 的位寻址格式。

进行这种位寻址的编程元件有输入映像寄存器（I）、输出映像寄存器（Q）、位存储器（M）、特殊存储器（SM）、局部变量存储器（L）、变量存储器（V）和顺序控制继电器（S）。

（2）特殊器件的寻址格式

存储区内有些元件是具有一定功能的器件，编程时不用指出它们的字节地址，而是直接写出其编号，如定时器（T）、计数器（C）、高速计数器（HC）和累加器（AC）。

（3）字节、字、双字的寻址格式

对字节、字和双字数据直接寻址时需指明元件名称、数据类型和存储区域内的首字节地址，如 QB0、VW100。

2. 变量存储器 V

PLC 在执行程序过程中会存在一些控制过程中的中间结果，如工程量转换、数据运算、设置参数等，这些中间数据也需要 PLC 的存储器来保存，变量存储器（V）就是根据这是实际需要产生的。

西门子 S7 - 200PLC 变量存储器可以按字节（B）、字（W）、双字（DW）使用。变量存储器有较大的存储范围，如 CPU224 存储范围是 VB0 ~ VB8191。变量存储器同样也可以表示位地址。

按"位地址"的表示方法为：V［字节地址］.［位地址］，如 V20.0。

按"字节"的表示方法为：VB［起始字节地址］，如 VB20，一个字节由 8 个"位"组成，VB20 的结构如下所示。

VB20	V20.7	V20.6	V20.5	V20.4	V20.3	V20.2	V20.1	V20.0

按"字"的表示方法为：VW［起始字节地址］，如 VW20，一个字包括两个字节，表示如下。

VW20	VB20	VB21

按"双字"的表示方法为：VD［起始字节地址］，如 VD20，表示如下。

VD20	VW20	VW22

CPU226 模块变量存储器的有效地址范围为 V（0.0 ~ 10239.7）、VB（0 ~ 10239）、VW（0 ~ 10238）、VD（0 ~ 10236）。

PLC 编程中变量存储器之间的数据传送一般用传送指令。例如，把数据 5 以字的形式存储到 VW20 中后，再从 VW20 中传送到 VW22 中，其程序梯形图如图 2-106 所示。

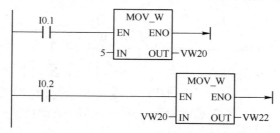

图 2-106　变量存储器之间的数据传送

3. 比较指令

比较指令包括数值比较指令和字符串比较指令，这里主要介绍数值比较指令。数值比较指令是比较两个数值 IN1 和 IN2 的大小。比较指令在梯形图里表示为动合触点，在动合触点的中间注明相比较的参数和比较运算符。当比较结果为真时，该动合触点闭合或输出。

数值比较的数据类型有字节 B（无符号整数）、整数/字（I/W）（有符号整数）、双字 D（有符号整数）、实数 R（有符号双字浮点数）。

数值比较指令的运算符包括：等于"＝＝"；大于等于"＞＝"；小于等于"＜＝"；大于"＞"；小于"＜"；不等于"＜＞"。下面以"＞＝"运算符为例来了解一下各个数据类型的比较指令，见表 2-37。

表 2-37　各种数据类型比较指令举例

LAD	数据类型	功　能
IN1 —┤ >=B ├— IN2	字节	当比较结果为真时，该动合触点闭合
IN1 —┤ >=I ├— IN2	整数	当比较结果为真时，该动合触点闭合
IN1 —┤ >=D ├— IN2	双整数	当比较结果为真时，该动合触点闭合
IN1 —┤ >=B ├— IN2	实数	当比较结果为真时，该动合触点闭合

```
    T40          Q0.1
—┤  >I  ├—      ( )
    60
```
图 2-107　整数比较
指令的应用

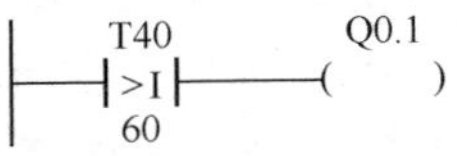

例题 3：整数比较指令的应用如图 2-107 所示，当定时器 T40 的当前值大于等于 60 时，输出线圈 Q0.1 通电。

例题 4：用比较指令编写一个 PLC 程序：启动后，灯 HL1 先亮，0.5s 后，灯 HL2 亮、HL1 熄灭，再过 0.5s 后灯 HL3 亮、HL2 熄灭，再过 0.5s 后灯 HL1 亮、HL3 熄灭，依次循环，按下停止按钮后，所有灯熄灭。PLC 的输入/输口分配见表 2-38。PLC 程序如图 2-108 所示。

表 2-38　输入/输出分配表

输入部分			输出部分		
输入元件	PLC 编程元件	作　用	输出元件	PLC 编程元件	作　用
SB1	I0.0	启动按钮	HL1	Q0.0	点亮灯 HL1
SB2	I0.1	停止按钮	HL2	Q0.1	点亮灯 HL2
			HL3	Q0.2	点亮灯 HL3

例题 5：图 2-109 所示为四节传送带示意图，系统由传动电动机 M1、M2、M3、M4，故障设置开关 A、B、C、D 组成，完成物料的运送、故障停止等功能。

（1）闭合"启动"开关，首先启动最末一条传送带（电动机 M4），每经过 1s 延时，依次启动一条传送带（电动机 M3、M2、M1）。

（2）当某条传送带发生故障时，该传送带及其前面的传送带立即停止，而该传送带以后的传送带待运完货物后方可停止。例如，M2 存在故障，则 M1、M2 立即停，经过 1s 延时后，M3 停，再过 1s，M4 停。

（3）排除故障，打开"启动"开关，系统重新启动。

（4）关闭"启动"开关，先停止最前一条传送带（电动机 M1），待料运送完毕后再依次停止 M2、M3 及 M4 电动机。

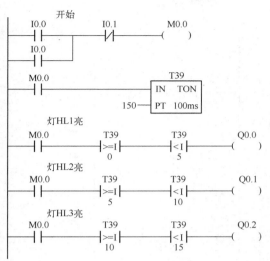

图 2-108 比较指令的应用

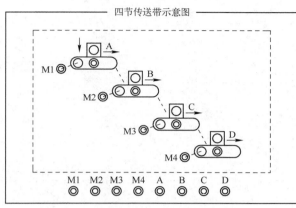

图 2-109 四节传送带示意图

（1）输入/输出接口的分配

输入/输出接口的分配见表 2-39。

表 2-39 输入/输出接口分配表

序 号	PLC 地址（PLC 端子）	电气符号（面板端子）	功能说明
1	I0.0	SB	启动（SB）
2	I0.1	SQ1	传送带 A 故障模拟
3	I0.2	SQ2	传送带 B 故障模拟
4	I0.3	SQ3	传送带 C 故障模拟
5	I0.4	SQ4	传送带 D 故障模拟
6	Q0.0	KM1	电动机 M1 控制接触器
7	Q0.1	KM2	电动机 M2 控制接触器
8	Q0.2	KM3	电动机 M3 控制接触器
9	Q0.3	KM4	电动机 M4 控制接触器

模拟运行时可用行程开关或按钮代替传感器。

（2）PLC 外部硬件连接示意图（图 2-110）

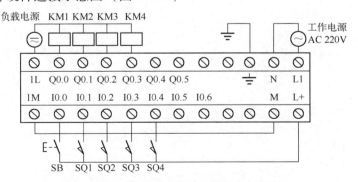

图 2-110 四节传送带 PLC 外部连接示意图

（3）PLC 梯形图程序（图 2–111）

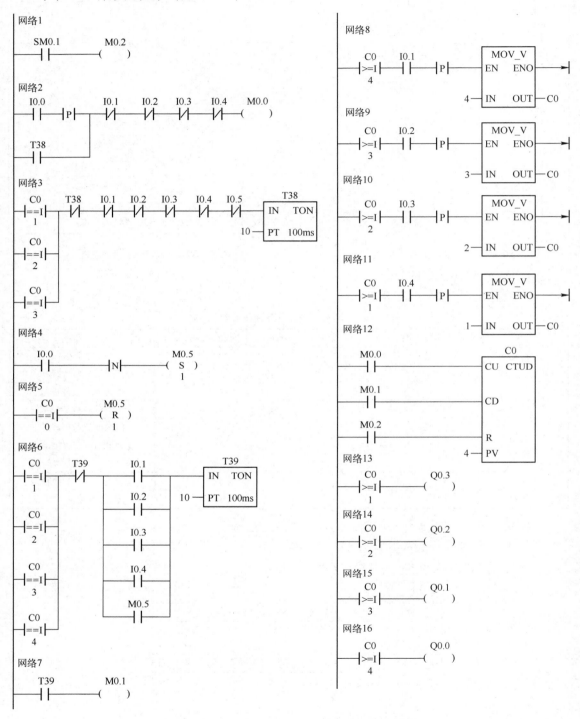

图 2–111　四节传送带的 PLC 控制梯形图

思考与练习

（1）编写将 VB200 的数据送入定时器 T39，作为 T39 预置值的程序段。

（2）用数码显示器循环显示 0~9 之间的数字，间隔时间为 0.5s。

（3）按下列要求用比较指令编写一段程序，下载到 PLC 中调试运行。

数控车床换刀程序中，将当前刀号代码（1~4）存储在 MB4 中；若刀架不在任何刀位，将 0 存储在 MB4 中。当 I2.4 有效时，若指令刀号 MB5 与当前刀号 MB4 不相等，Q0.3 复位，刀架电动机正转。当刀架转到预定刀位时，当前刀号 MB4 与指令刀号 MB3 相等，Q0.3 复位，刀架停止正转，同时 Q0.4 置位，刀架电动机开始反转，进行锁紧。延时 4s 后，反转停止，换刀结束。

 # 任务七　移位指令的使用

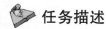 ## 任务描述

同任务五，PLC 控制机械手将工件从工作台搬送到传送带上。上电时，机械手处在初始状态（上极限位置、左极限位置），原位指示灯 EL1 亮。按下启动按钮 SB1，机械手开始进行抓送工件的动作，返回原位后，再次循环运行。按下停止按钮 SB2，机械手把工件放到传送带后返回初始位置停止。试采用移位指令设计 PLC 控制程序并调试运行。

任务分析

任务五中，对机械手动作的控制采用的是顺序控制指令，这种指令编程看起来程序比较长，可不可以采用其他指令编程呢？此处采用移位指令编程，移位指令的使用会使整个程序看起来更简捷。

任务目标

◆ 理解左移和右移、循环左移和循环右移、寄存器移位等指令的功能及应用；
◆ 掌握用左移和右移、循环左移和循环右移、寄存器移位等指令编程的方法；
◆ 能够根据控制要求用移位指令编制一般 PLC 控制程序，正确安装接线与调试运行；
◆ 掌握 PLC 在工业生产过程中的应用，学会使用 PLC 系统解决生产实际问题。

一、基础知识

移位指令常应用于一个数字量输出点对应多个相对固定顺序动作的控制，如机械手、交通灯等的 PLC 控制。移位指令可分为左、右移位，循环移位，以及寄存器移位等。

1. 左、右移位指令

1）左、右移位的含义

该指令分为左移位和右移位指令。根据所移位数的长度不同，左移位和右移位指令又可

分为字节型、字型、双字型。

移位数据存储单元的移出端与溢出标志位（SM1.1）相连，最后被移出的位放入 SM1.1 位存储单元中，数据存储单元的另一端自动补 0。SM1.1 始终存放最后一次被移出的位，如果移位操作使数据变为 0，则零存储器标志位 SM1.0 自动置位。

左、右移位示意图可用图 2-112 表示，左移 1 位时，相应的位都左移 1 位，最高位进入 SM1.1，最低位补 0；右移 1 位时，相应的位都右移 1 位，最低位进入 SM1.1，最高位补 0。

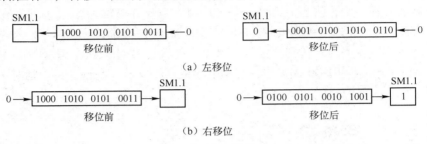

图 2-112　左移和右移示意图

2）移位指令的格式

移位指令格式见表 2-40。

表 2-40　移位指令格式

指令名称	指令格式		IN 的操作数范围	OUT 的操作数范围	最大可移位次数
字节移位	SHL_B EN　ENO IN　OUT N 字节左移	SHR_B EN　ENO IN　OUT N 字节右移	字节型数据	字节型数据	8
字移位	SHL_W EN　ENO IN　OUT N 字左移	SHL_W EN　ENO IN　OUT N 字右移	字型数据	字型数据	16
双字移位	SHL_DW EN　ENO IN　OUT N 双字左移	SHR_DW EN　ENO IN　OUT N 双字右移	双字型数据	双字型数据	32

当使能输入有效时，把输入数据（字节型、字型或双字型）IN 左移或右移 N 位后，再将结果输出到 OUT 所指的（字节、字或双字）存储单元中。

字节移位的数据类型输入与输出均为字节，IN 的操作数范围为 IB、QB、VB、MB、SB、SMB、LB、AC、*VD、*LD、*AC 和常数；OUT 的操作数范围为 IB、QB、VB、MB、

SB、SMB、LB、AC、*VD、*LD、*AC。

字移位的数据类型输入与输出均为字，IN 的操作数范围为 IW、QW、VW、MW、SW、SMW、LW、T、C、AIW、AC、*VD、*LD、*AC 和常数；OUT 的操作数范围为 IW、QW、VW、MW、SW、SMW、LW、T、C、AC、*VD、*AC、*LD。

双字移位的数据类型输入与输出均为双字，IN 的操作数范围为 ID、QD、VD、MD、SD、SMD、LD、AC、HC、*VD、*LD、*AC 和常数；OUT 的操作数范围为 ID、QD、VD、MD、SD、SMD、LD、AC、*VD、*LD、*AC。

移位次数 N 为字节型数据，操作数范围为 IB、QB、VB、MB、SB、SMB、LB、AC、*VD、*LD、*AC 和常数。

移位次数与移位数据的长度有关，如果所需要移位次数大于移位数据的位数，则超过的次数无效。例如，字节左移时，若移位次数设定为 10，则指令实际执行的结果是移位 8 次，而不是设定的 10 次。

对于左移位指令，执行程序后，相应的位都左移 N 位，最高位进入 SM1.1，最低位补 0。对于右移位指令，执行程序后，相应的位都右移 N 位，最低位进入 SM1.1，最高位补 0。

3）移位指令的使用

如图 2-113 所示为字右移位指令程序，设 VW20 = 0011 0101 0110 1001，试分析执行程序后，VW20、SM1.0 和 SM1.1 中的数值变化过程。

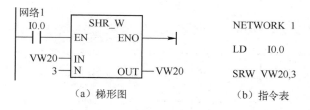

|（a）梯形图 | （b）指令表 |

图 2-113　移位指令的使用

本程序对 VW20 进行 3 次右移位，数值变化过程见表 2-41。

表 2-41　VW20 的数值变化过程

移 位 次 数	VW200 与 SM1.1 的值
移位前	VW200 0011 0101 0110 1001
第 1 次右移位后	VW200　　　　　　　　　　SM1.1 0001 1010 1011 0100 →　1
第 2 次右移位后	VW200　　　　　　　　　　SM1.1 0000 1101 0101 1010 →　0
第 3 次右移位后	VW200　　　　　　　　　　SM1.1 0000 0110 1010 1101 →　0

执行 3 次移位的程序后，SM1. 1 = 0。因 VB0 不为 0，所以零存储器标志位 SM1.0 = 0。

例题 1："河南机电" 4 盏彩灯分别接于 Q0.1 ~ Q0.4，SB1、SB2 分别为启动和停止按钮。要求：按下 SB1 后，"河" 先亮，以后每隔 1s 逐次单个点亮一盏灯，最后一盏灯点亮后，第一盏灯又开始点亮，并如此循环；按下停止按钮，系统停止工作。试用移位指令编写上述程序。

输入/输出地址分配见表 2-42，梯形图程序如图 2-114 所示。

表 2-42　输入/输出接口的分配表

输入部分		输入部分	
输 入 元 件	PLC 编程元件	输 出 元 件	PLC 编程元件
启动按钮	I0.0	指示灯 "河"	Q0.0
停止按钮	I0.1	指示灯 "南"	Q0.1
		指示灯 "机"	Q0.2
		指示灯 "电"	Q0.3

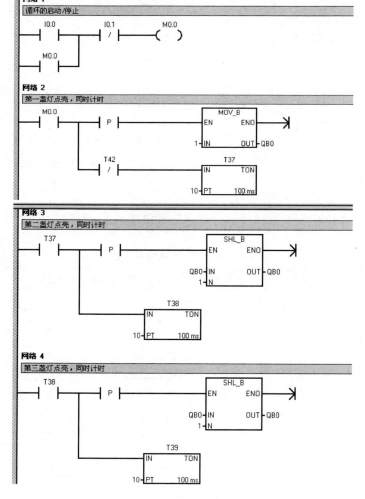

图 2-114　4 盏彩灯的移位程序

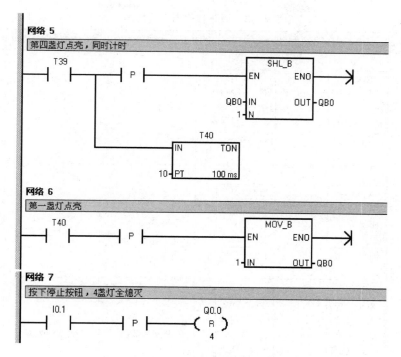

图 2-114　4 盏彩灯的移位程序（续）

2. 循环移位指令

1）循环移位的含义

循环移位指令分为循环左移和循环右移指令。根据所循环移位数的长度不同，循环左移和循环右移指令又可分为字节型、字型和双字型。

循环移位数据存储单元的移出端与另一端相连，同时又与溢出标志位（SM1.1）相连，最后被移出的位进入另一端的同时也被放到 SM1.1 位存储单元中。SM1.1 始终存放最后一次被移出的位，如果移位操作使数据变为 0，则零存储器标志位 SM1.0 自动置位。

循环移位示意图可用图 2-115 表示，循环左移 1 位时，相应的位都左移 1 位，最高位进入最低位，同时也进入 SM1.1；循环右移 1 位时，相应的位都右移 1 位，最低位进入最高位，同时也进入 SM1.1。

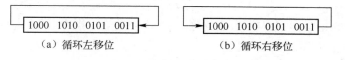

图 2-115　循环左移和循环右移示意图

2）循环移位指令的格式
循环移位指令的格式见表 2-43。

表 2-43　循环移位指令的格式

指令名称	指令格式		IN 的操作数范围	OUT 的操作数范围	实际移位次数
字节循环移位	ROL_B —EN　ENO— —IN —N　OUT— 字节循环左移	ROR_B —EN　ENO— —IN —N　OUT— 字节循环右移	字节型数据	字节型数据	设定值取以 8 为底的模
字循环移位	ROL_W —EN　ENO— —IN —N　OUT— 字循环左移	ROR_W —EN　ENO— —IN —N　OUT— 字循环右移	字型数据	字型数据	设定值取以 16 为底的模
双字循环移位	ROL_DW —EN　ENO— —IN —N　OUT— 双字循环左移	ROR_DW —EN　ENO— —IN —N　OUT— 双字循环右移	双字型数据	双字型数据	设定值取以 32 为底的模

　　使能输入有效时，把字节型（字型或双字型）输入数据 IN 循环左移或循环右移 N 位后，再将结果输出到 OUT 所指的字节（字或双字）存储单元中。实际移位次数为设定值取以 8（16 或 32）为底的模所得的结果。

　　字节循环移位的数据类型输入与输出均为字节；字循环移位的数据类型输入与输出均为字；双字循环移位的数据类型输入与输出均为双字；移位次数 N 为字节型数据。

　　移位次数 N 为字节型数据，操作数范围为 IB、QB、VB、MB、SB、SMB、LB、AC、* VD、*LD、*AC 和常数。

　　移位次数与移位数据的长度有关，如果所需要的移位次数大于移位数据的位数，则在执行循环移位之前，系统先对设定值取以数据长度为底的模，用小于数据长度的结果作为实际循环移位的次数（如果 A 对 B 取模，就是求 A/B 的余数；如果 A 小于或等于 B，其结果是 A）。

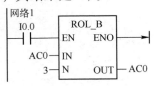

图 2-116　循环左移位
指令的使用

　　例如，字循环移位时，移位次数设置为 22，则先对 22 取以 16 为底的模，得到余数 6，指令实际执行的结果是循环移位 6 次。

　　3）循环移位指令的使用

　　如图 2-116 所示为字节循环左移位指令程序，设 AC0 = 1010 0110，试分析执行程序后，AC0、SM1.0 和 SM1.1 中的数值变化过程。

　　本程序对 AC0 进行 3 次循环左移位，数值变化过程见表 2-44。

表 2-44　AC0 数值变化过程

移 位 次 数	AC0 的值
移位前	1010　1001
第 1 次循环左移位后	← 0101　0011 ←
第 2 次循环左移位后	1010　0110 ←
第 3 次循环左移位后	0100　1101 ←

执行 3 次循环移位的程序后，SM1.1 = 1；因 AC0 不为 0，所以零存储器标志位 SM1.0 = 0。

边学边练

若 VW100 中的内容为 0001 1000 1011 0010，分析执行两次循环右移位指令后，VW100、SM1.0 和 SM1.1 中的数值变化，并编制梯形图程序。

3. 寄存器移位指令

寄存器移位指令是移位长度可以指定的移位指令。在移位控制信息的作用下，将数据输入端的信号依次送入参加移位的寄存器中，这些信号在参加移位的寄存器中依次移动，可以实现按控制信号的顺序进行控制。

寄存器移位指令的格式见表 2-45。

表 2-45　寄存器移位指令的格式

指 令 名 称	指 令 格 式	各数据输入端的作用
寄存器移位	SHRB EN　ENO DATA S_BIT N	DATA 端——数据输入端，移位时将其值移入移位寄存器中； S_BIT 端——用来指定移位寄存器的最低位； N 端——用来指定移位寄存器的长度（1 ~ 64）和移位方向。

N 为正值时，进行左移位，即 DATA 值从最低字节的最低位（S_BIT）移入，最高字节的最高位移出到 SM1.1；N 为负值时，进行右移位，即 DATA 值从最高字节的最高位移入，最低字节的最低位（S_BIT）移出到 SM1.1。

在每个扫描周期内，整个移位寄存器移动一位。

移位寄存器存储单元的移出端与溢出标志位（SM1.1）相连，被移出的位放在 SM1.1 位存储单元，另一端自动补上 DATA 移入位的值。

DATA、S BIT 的数据类型为 BOOL 型，操作数范围为 I、Q、V、M、SM、S、T、C、L；

N 的数据类型为字节型，操作数范围为 IB、QB、VB、MB、SMB、SB、LB、AC、*VD、*LD、*AC、常数。

如图 2-117 所示为寄存器移位指令的简单应用分析，表 2-46 为程序执行过程中各存储单元的状态表。

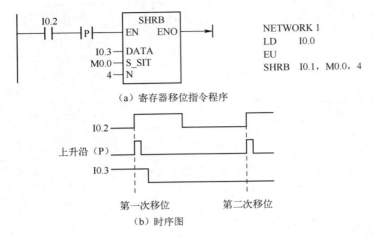

（a）寄存器移位指令程序

NETWORK 1
LD   I0.0
EU
SHRB I0.1, M0.0, 4

I0.2

上升沿（P）

I0.3

第一次移位   第二次移位

（b）时序图

图 2–117　寄存器移位指令的应用分析

表 2–46　程序执行过程中各存储单元状态表

	M0.3	M0.2	M0.1	M0.0	I0.3
第一次移位前	0	1	0	1	1
第一次移位后	1	0	1	1	1
和二次移位前	1	0	1	1	0
第二次移位后	0	1	1	0	0

例题 2：用寄存器移位指令编写例题 1 "河南机电" 4 盏彩灯顺次点亮的程序。要求：按下启动按钮后，4 盏灯逐个点亮并保持，全亮后又逐个顺次熄灭，点亮与熄灭的间隔时间均为 1s，并如此循环工作。

梯形图程序如图 2–118 所示。

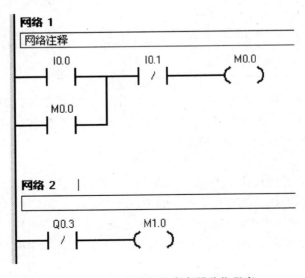

图 2–118　4 盏彩灯的寄存器移位程序

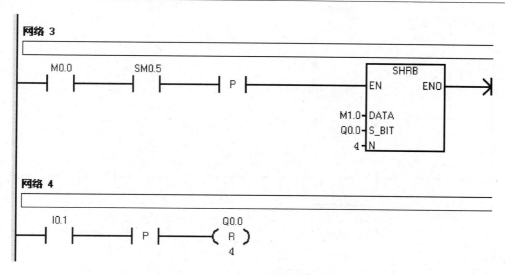

图 2-118　4 盏彩灯的寄存器移位程序（续）

当按下启动按钮时，M0.0 通电并保持接通状态；SM0.5 为 1s 周期的时钟脉冲，在上升沿指令的作用下，使寄存器每秒移位 1 次，把 M1.0 的状态依次移位到 Q0.0 ~ Q0.3。

开机后 M1.0 为通电状态，移位指令使 M1.0 的状态依次移位到 Q0.0 ~ Q0.3，使 Q0.0 ~ Q0.3 依次点亮；当最高位 Q0.3 点亮时，M1.0 断电，移位指令又使 Q0.0 ~ Q0.3 依次熄灭。停止按钮使 4 个输出继电器 Q0.0 ~ Q0.3 全部复位。

 边学边练

（1）用寄存器移位指令编制例题 1 的 PLC 控制程序。

（2）编制 6 盏灯逐个点亮并保持，全亮后同时熄灭的 PLC 控制程序，时间间隔为 2s。

例题 3：用寄存器移位指令编制图 2-59 所示的喷泉状霓虹灯 PLC 控制程序。要求：接通开关 S，其指示灯按时间间隔 0.5s 依次循环点亮：1→2→3→4→5→6→7→8→1→2、3、4→5、6、7、8→1、2、3、4、5、6、7、8；断开开关 S，指示灯全部熄灭。

PLC 输入/输出接口分配见表 2-47。

表 2-47　输入/输出接口分配表

	元 件 符 号	PLC 编程元件	作　用
输入部分	S	I0.0	启动开关
输出部分	1	Q0.0	指示灯 1
	2	Q0.1	指示灯 2
	3	Q0.2	指示灯 3
	4	Q0.3	指示灯 4
	5	Q0.4	指示灯 5
	6	Q0.5	指示灯 6
	7	Q0.6	指示灯 7
	8	Q0.7	指示灯 8

梯形图程序如图 2–119 所示。

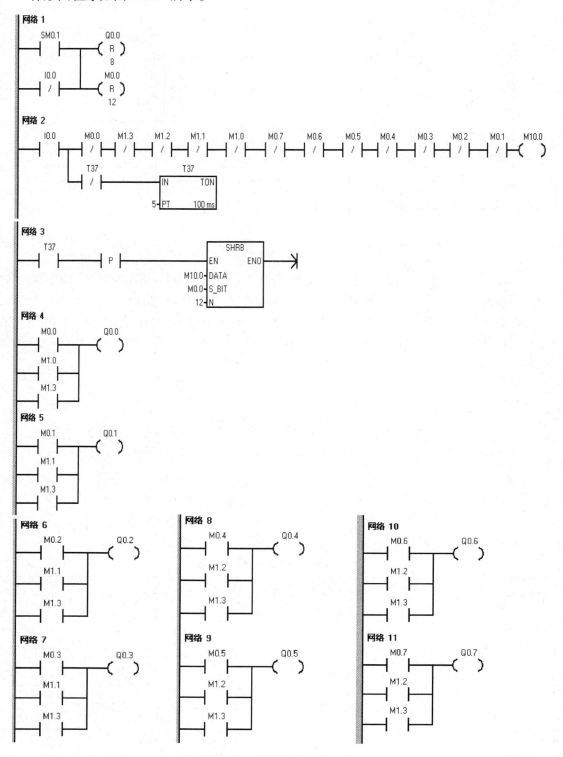

图 2–119　模拟喷泉移位程序

二、任务实施

1. 器材准备

◆ 可编程控制器实训装置 1 台。
◆ 装有编程软件的计算机 1 台。
◆ 机械手系统实验模板 1 块。
◆ PC/PPI 通信电缆线 1 根。
◆ 导线若干。

2. 实训内容

根据本任务描述所涉及的内容，设计 PLC 控制程序并调试运行。

系统分析：

前面任务五中曾用顺序控制指令解过此题，此处用寄存器移位指令解题。在此任务中，机械手水平臂的左右移动、垂直臂的上升与下降均采用双电控三位电磁换向阀控制，手爪的夹紧与松开仍采用单电控电磁换向阀控制。

1）画出系统工作状态流程图

机械手的顺序功能流程图可以用图 2-120 表示。

编程步骤及参考程序如下。

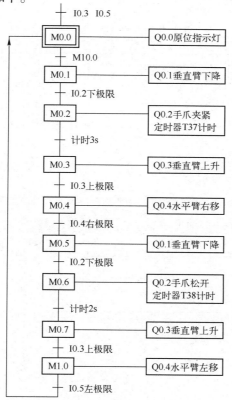

图 2-120　机械手的顺序功能流程图

2）列出输入/输出分配表

输入/输出接口的分配见表2–48。

表2–48　输入/输出接口的分配

输入部分			输出部分		
输入元件	PLC 编程元件	作　用	输出元件	PLC 编程元件	作　用
SB1	I0.0	启动按钮	EL1	Q0.0	原位指示灯
SB2	I0.1	停止按钮	YV1	Q0.1	下降电磁阀
SQ1	I0.2	下限位开关	YV2	Q0.2	手爪电磁阀
SQ2	I0.3	上限位开关	YV3	Q0.3	上升电磁阀
SQ3	I0.4	右限位开关	YV4	Q0.4	右移电磁阀
SQ4	I0.5	左限位开关	YV5	Q0.5	左移电磁阀
SQ5	I0.6	手爪开关			

3）绘制 PLC 外部硬件接线图

PLC 外部硬件接线图如图2–121 所示。

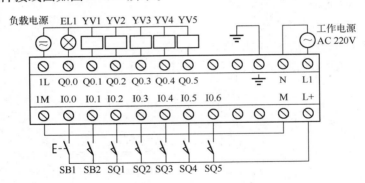

图2–121　PLC 外部硬件接线图

4）编制 PLC 梯形图程序

PLC 梯形图如图2–122 所示。

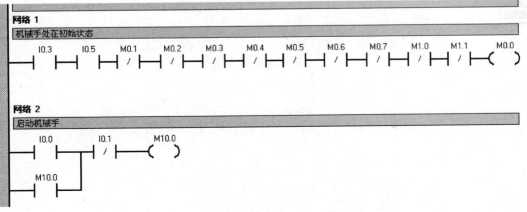

图2–122　机械手动作的 PLC 程序

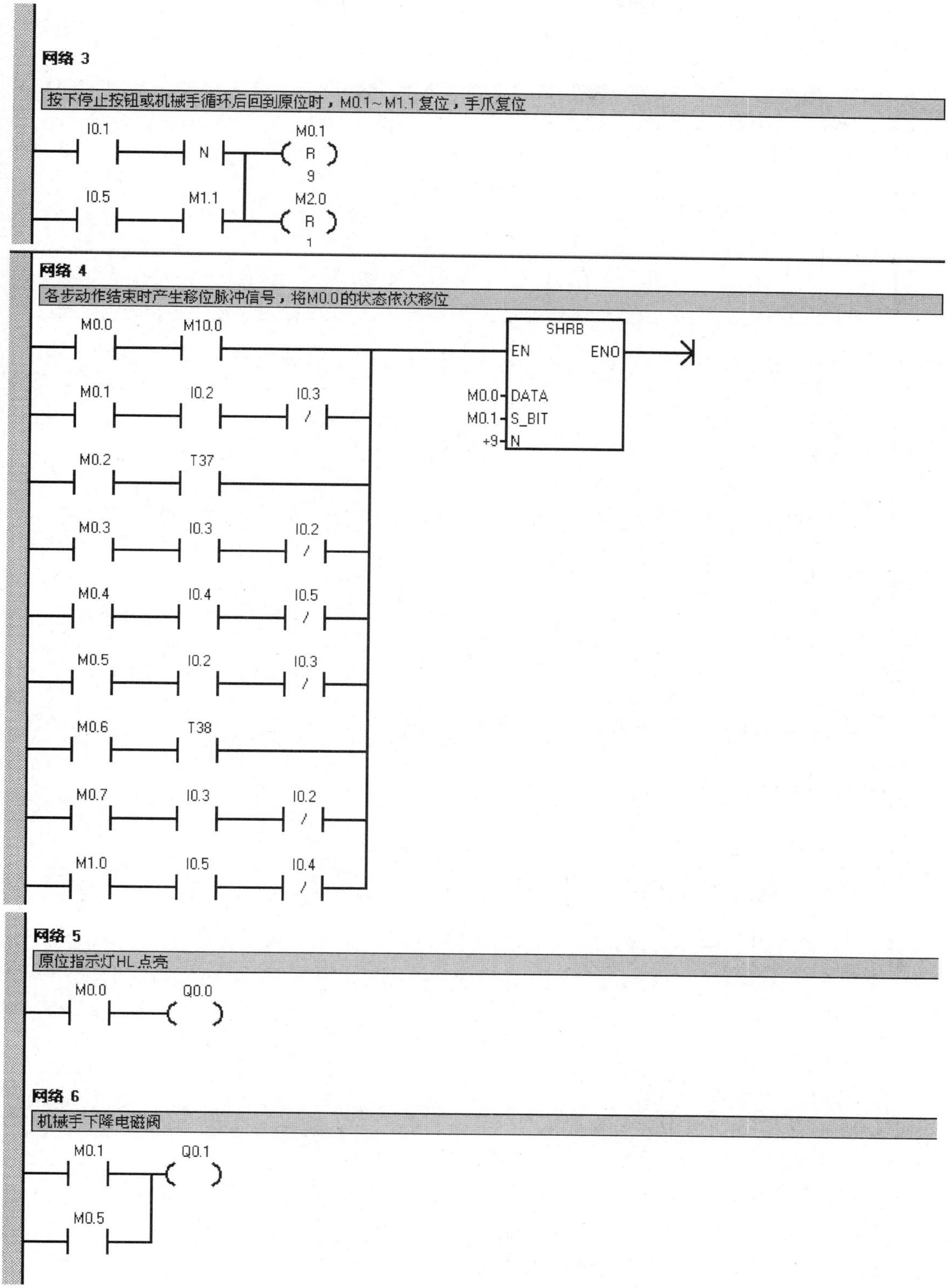

网络 3

按下停止按钮或机械手循环后回到原位时，M0.1～M1.1 复位，手爪复位

```
 I0.1              M0.1
──┤ ├──┤ N ├──┬──( R )
              │     9
 I0.5    M1.1  │   M2.0
──┤ ├──┤ ├───┴──( R )
                   1
```

网络 4

各步动作结束时产生移位脉冲信号，将M0.0的状态依次移位

```
 M0.0    M10.0                        ┌──SHRB──┐
──┤ ├──┤ ├──┬────────────────────────┤EN   ENO├──┤►
            │                         │        │
 M0.1    I0.2   I0.3                  │        │
──┤ ├──┤ ├──┤/├─┤              M0.0──┤DATA    │
            │                  M0.1──┤S_BIT   │
 M0.2    T37                    +9──┤N       │
──┤ ├──┤ ├──┤                        └────────┘
            │
 M0.3    I0.3   I0.2
──┤ ├──┤ ├──┤/├─┤
            │
 M0.4    I0.4   I0.5
──┤ ├──┤ ├──┤/├─┤
            │
 M0.5    I0.2   I0.3
──┤ ├──┤ ├──┤├─┤
            │
 M0.6    T38
──┤ ├──┤ ├──┤
            │
 M0.7    I0.3   I0.2
──┤ ├──┤ ├──┤/├─┤
            │
 M1.0    I0.5   I0.4
──┤ ├──┤ ├──┤/├─┘
```

网络 5

原位指示灯HL 点亮

```
 M0.0             Q0.0
──┤ ├──────────( )
```

网络 6

机械手下降电磁阀

```
 M0.1             Q0.1
──┤ ├──┬───────( )
       │
 M0.5  │
──┤ ├──┘
```

图 2-122　机械手动作的 PLC 程序（续）

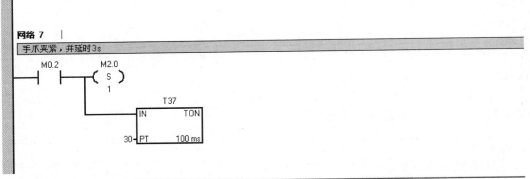

图 2–122　机械手动作的 PLC 程序（续）

5）调试运行程序

根据任务，进行程序的运行与调试。

① 按照输入/输出分配表与外部接线图，进行 PLC 主机单元与实训单元之间的接线。

② 连接计算机与 PLC 主机单元之间的通信电缆。

③ PLC 接电源。

④ 打开 PLC 的电源开关，"RUN/STOP" 置于 STOP 状态。

⑤ 用 STEP7-Micro/WIN32 软件编程。

⑥ 下载程序至 PLC。

⑦ PLC 置于 RUN 状态，开始运行程序。

⑧ 按照控制要求操作面板上的开关，观察实验现象，判断是否实现程序功能。若不能实现，则通过"程序状态监控"找出错误并修改，重新调试，直至正确为止。

 边学边练

（1）调试运行例题 1 的 PLC 控制程序。
（2）调试运行例题 2 的 PLC 控制程序。

3. 实训记录

（1）描述实验现象和工作原理。
（2）记录实验过程中所出现的程序问题、接线问题及对问题所采取的处理方法。

思考与练习

（1）用寄存器移位指令编制图 2-47 所示灯塔之光控制系统的程序，安装接线并调试运行。

（2）用寄存器移位指令编制图 2-78 所示十字路口红绿灯控制系统的程序。

（3）如图 2-123 所示电镀生产线采用专用行车架，行车架上装有可升降的吊钩，行车和吊钩各有一台电动机拖动，行车进退和吊钩升降由限位开关控制，生产线定为三槽位，依次完成酸洗、电镀和清洗过程。

系统的初始状态为吊钩在下限位，行车在左限位。

工作流程为：启动后，吊钩从原位由下向上移动，遇到上限位开关 SQ4 后，行车从左向右移动，到 3 号槽限位开关 SQ3 后（中间遇到 1 号槽限位开关 SQ1 和 2 号槽限位开关 SQ2 不响应）停止，吊钩下降，到下限位时停止，工件放入酸洗槽，10s 后，吊钩上升，到上限位时停止，5s 后，行车左行，在 SQ2 弹起时停止左行，吊钩下降，到下限位后停止，电镀 20s 后，吊钩上升，到上限位停 5s，接着左行，在 SQ1 弹起时停止左行，吊钩下降，到下限位后停止，放入清水槽清洗 10s，之后吊钩上升，到上限位后停 5s，接着左行到左限位停止，1s 后下降至原位（下限位）。

回到原位后，经过 30s，吊钩自动上升右行，按照工作流程一直循环下去。在任意时刻按下停止按钮，吊钩完成当前循环，回到原位停止。

各处限位开关分别为上限位开关 SQ4、下限位开关 SQ5、左限位开关 SQ6。

用移位指令编制电镀生产线的 PLC 控制程序。

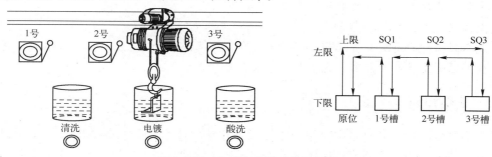

图 2-123   电镀生产线工作示意图

任务八　子程序控制指令的使用

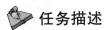 **任务描述**

编制物料分拣设备的 PLC 控制程序。要求：

（1）（系统初始化）系统上电后，首先检测是否处于初始位置，初始状态是：机械手的垂直臂在上极限位置，水平臂在左极限位置，手爪松开；传送带的拖动电动机不转动。如是初始位置，则红色指示灯 EL1 长亮，作为初始位置指示。若上述部件不在初始位置，红色指示灯 EL1 以亮 0.2s，灭 0.2s 的方式快速闪亮；按下复位按钮 SB3，各部件回到初始位置后，红色指示灯 EL1 变为长亮。

（2）（机械手动作）系统初始化后，按下启动按钮 SB1，系统进入工作状态，绿色指示灯 EL2 长亮。一旦检测到工作台上有工件送入，机械手即开始工作，把工件从工作台搬运到传送带上，然后回到原位，等待下次工件送入信号。按下停止按钮 SB2，机械手把工件放到传送带后再返回初始位置停止。

机械手的动作顺序为：

垂直臂下降→夹紧工件 3s→垂直臂上升→水平臂右转→垂直臂下降→松开工件 2s→垂直臂上升→水平臂左转

（3）（传送带上分拣物料）如前所述：当工件放在位置 1 时，传感器 2 检测到传送带上有工件，电动机启动，传送带开始由左向右运行；无工件时，停止运行。

当工件到达位置 2，被检测为金属件时，将被分拣到第一个出料斜槽中；如果不是金属件，而是塑料件，将被传送到位置 3，分拣到第二个出料斜槽中。

如果分拣出的金属件达到 6 个，设备进行打包处理 5s，即所有传感器检测无效，不再进行分拣动作。之后自动进入下一个周期分拣工作。

在分拣过程中，如检测到连续出现 2 个塑料件时，则系统停机报警，即设备停止工作，红色指示灯 EL1 闪烁，绿色指示灯 EL2 熄灭，系统不能进行检测和分拣。此时按下停止按钮 SB2，红灯不再闪烁，系统回到初始上电待机状态。

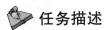 **任务目标**

◆ 掌握子程序调用指令的功能及应用；
◆ 熟练应用 PLC 编程，掌握 PLC 在工业生产过程中的应用；
◆ 能根据控制要求编写程序并正确安装接线、调试程序；
◆ 能够根据生产实际要求，完成整个 PLC 控制系统。

一、基础知识

将具有特定功能，并且多次使用的程序段称作子程序。在 PLC 编程时，整个用户程序可以由一个或多个子程序组成。这样更便于组成程序结构，便于项目分工；有利于程序的阅读和调试；由于子程序只在需要时才调用，可以减少 CPU 扫描的时间；几个类似的项目只需要对同一个子程序作不多的修改就能适用，增加程序的可移植性。

1. 建立子程序

在 STEP7-Micro/WIN32 编程软件中可采用下列三种方法中的一种建立子程序：

（1）在"编辑"菜单，选择插入（Insert）→子程序（Subroutine）；

（2）在"指令树"，用鼠标右键单击"程序块"图标，并从弹出菜单中选择插入→子程序；

（3）在"程序编辑器"窗口，单击鼠标右键，从弹出菜单中选择插入→子程序。

程序编辑器从先前显示的程序段更改为新子程序窗口。程序编辑器底部会出现一个新标记 SBR_n 代表新子程序。子程序也将出现在指令树中。此时，可以对新子程序编程，或者保留子程序返回先前作业的程序段位置进行编程。

2. 修改子程序名称

通过上步操作，用户可以建立一个或多个子程序，每个子程序默认的程序名为 SBR_0 ~ SBR_n，用户可以自己定义子程序名。

具体方法是：选中要重命名的子程序，单击鼠标右键，从弹出的菜单中选择"重命名"即可以修改子程序的名称。

3. 子程序的调用

子程序调用指令（CALL）用在主程序或其他调用子程序的程序中，在实际操作时可以用鼠标拖住要调用的子程序放到需要调用的位置。一个子程序不仅可以被主程序调用，也可以被其他子程序调用，但不能被自身调用；在调用子程序时，子程序调用指令将程序控制权交给子程序。子程序执行完后，返回到调用子程序指令的下一条指令。调用子程序时可以带参数也可以不带参数。

调用子程序时，子程序不能使用跳转语句跳入、跳出；S7 – 200PLC 的 CPU 最多可以调用 64 个子程序。子程序用于程序的分段和分块，使其成为较小的、易于管理的块，为了减少扫描的时间，只有在需要时才调用。

4. 子程序返回指令

当主程序调用子程序并执行时，子程序执行全部指令直至结束，然后返回到主程序的子程序调用处。子程序的返回可以分为无条件返回和有条件返回。

（1）无条件返回。子程序的无条件返回指令在子程序的最后网络段。STEP – 7 Micro/WIN 梯形图指令系统能够自动生成子程序的无条件返回指令，用户无须输入，当 CPU 执行到子程序的最后网络段后，自动返回到调用子程序的下一条指令。

（2）有条件返回。子程序条件返回指令（RET）在当使能端有效时，结束子程序的执行，返回到调用此子程序的下一条指令。

子程序的指令格式及功能见表 2-49。

表 2–49   子程序的指令格式及功能

梯 形 图	语 句 表	功 能
SBR_0 / EN	CALL SBR0	子程序调用
——(RET)	CRET / RET	子程序条件返回，自动生成无条件返回

例题 1：子程序调用和子程序返回指令的使用。

主程序如图 2–124 所示，子程序如图 2–125 所示。

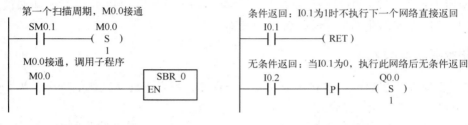

图 2–124   主程序　　　　　　　　　　　　图 2–125   子程序

例题 2：图 2–126 所示为小车运行示意图，控制要求如下。

（1）系统上电后，先检测小车的位置，如果小车不在原点，自动运行到原点位置停止；

（2）在手动状态下，按下开始按钮，小车从原位 A 点出发驶向 B 点后停止，再按开始按钮，小车从 B 点出发驶向 C 点后停止，再按开始按钮小车从 C 点出发驶向 D 点后停止，再按开始按钮，小车从 D 点出发驶向 A 点后停止，依次循环；

（3）自动运行状态下，小车重复上述过程，不停地运行，直到按下停止按钮为止，按下停止按钮后，小车完成一个循环周期才停止。

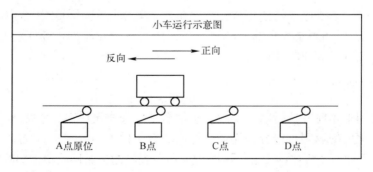

图 2–126   小车运行示意图

试用子程序指令完成程序的编写。

我们可以用子程序指令完成上述控制功能，在此可以用三个子程序来控制，第一个子程序的功能是"复位"，第二个子程序的功能是"间歇运行"，第三个子程序的功能是"连续运行"，这三个子程序分别被主程序调用。其输入/输出地址分配见表 2–50。

表 2-50　输入/输出分配表

序　号	PLC 地址（PLC 端子）	电气符号	功能说明
1	I0.0	SB1	电动机启动
2	I0.1	SQ1	A 点限位开关
3	I0.2	SQ2	B 点限位开关
4	I0.3	SQ3	C 点限位开关
5	I0.4	SQ4	D 点限位开关
6	I0.5	SA	连续运行开关
7	I0.6	SB2	连续运行停止
8	Q0.2	KM1	正向接触器 KM1
9	Q0.3	KM2	反向接触器 KM2

主程序如图 2-127 所示。

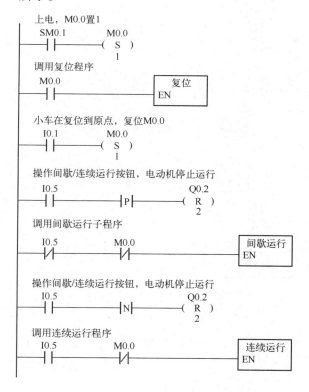

图 2-127　小车运行的主程序

在主程序里调用了三个子程序，分别是"复位"，"间歇运行"，和"连续运行"。其"复位"子程序如图 2-128 所示，"间歇运行"子程序如图 2-129 所示，"连续运行"子程序如图 2-130 所示。

例题 3：彩灯闪烁的 PLC 控制程序。

如图 2-131 所示的一组彩灯，打开开关 SA0 后，可按　图 2-128　小车运行"复位"子程序

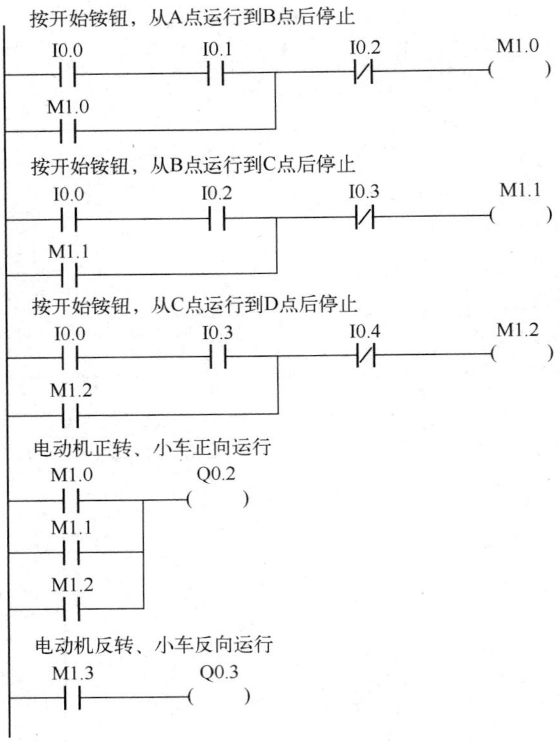

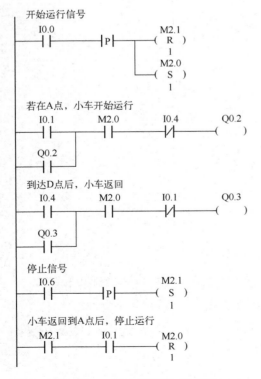

图 2-129 "间歇运行"子程序

图 2-130 "连续运行"子程序

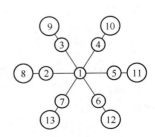

图 2-131 彩灯排列示意图

A、B 种方式循环闪烁，分别由 SA1、SA2 两个按钮控制，闪烁间隔时间均为 1s。

循环 A：1——2，3，4，5，6，7——8，9，10，11，12，13

循环 B：1，3，9——1，4，10——1，5，11——1，6，12——1，7，13——1，2，8

输入/输出接口分配见表 2-51。

表 2-51 输入/输出分配表

输入部分			输出部分		
输入元件	PLC 编程元件	作 用	输出元件	PLC 编程元件	作 用
SA0	I0.0	总开关	5	Q0.4	彩灯 5
SA1	I0.1	A 循环	6	Q0.5	彩灯 6
SA2	I0.2	B 循环	7	Q0.6	彩灯 7
输出部分			8	Q0.7	彩灯 8
输出元件	PLC 编程元件	作 用	9	Q1.0	彩灯 9
1	Q0.0	彩灯 1	10	Q1.1	彩灯 10
2	Q0.1	彩灯 2	11	Q1.2	彩灯 11
3	Q0.2	彩灯 3	12	Q1.3	彩灯 12
4	Q0.3	彩灯 4	13	Q1.4	彩灯 13

1）主程序（图 2-132）

2）A 循环子程序（图 2-133）

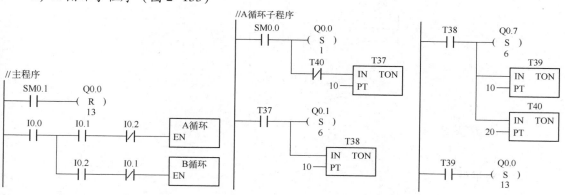

图 2-132 彩灯闪烁主程序

图 2-133 A 循环子程序

3）B 循环子程序（图 2-134）

 边学边练

（1）写出子程序的调用指令和子程序的返回指令，并分别说明其功能。

（2）编写一个程序，要求：按下按钮 SB1 时调用子程序 1，此时再按下按钮 SB2 不能调用子程序 2。而如果先按下按钮 2 时调用子程序 2，之后再按下 SB1，则不能调用子程序 1。子程序 1 的功能是运行 2s 后自动返回主程序，子程序 2 是完成 Q0.2 置位 2s 后复位，并自动返回主程序。

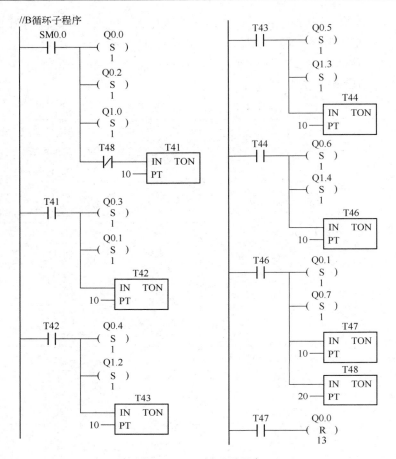

图 2-134　B 循环子程序

二、任务实施

1. 器材准备

◆ 可编程控制器实训装置 1 台。

◆ 装有编程软件的计算机 1 台。

◆ 机械手系统实验模板 1 块。

◆ PC/PPI 通信电缆线 1 根。

◆ 导线若干。

2. 实训内容

根据本任务描述所涉及的内容，设计 PLC 控制程序并调试运行。

系统分析：本系统可采用三段子程序控制，即系统初始化子程序、机械手动作子程序和传送带上分拣物料子程序。

系统初始化子程序：系统上电后，首先检测是否处于初始位置，如在初始位置，则红色指示灯 EL1 长亮；若不在初始位置，则红色指示灯快速闪亮；按下复位按钮 SB3，各部件回到初始位置后，红色指示灯 EL1 变为长亮。

机械手动作子程序：系统初始化后，按下启动按钮 SB1，系统进入工作状态，机械手按照预定的方式进行工作。

传送带上分拣物料子程序：传送带按照预定的方式运行，设备进行物料分拣、打包处理和报警等工作。

编程步骤及参考程序如下。

（1）输入/输出接口的分配

输入/输出接口的分配见表 2-52。

表 2-52　输入/输出分配表

输入部分			输出部分		
输入元件	PLC 编程元件	作　用	输出元件	PLC 编程元件	作　用
SB1	I0.0	启动按钮	YV1	Q0.0	下降电磁阀
SQ1	I0.1	下限位开关	YV2	Q0.1	上升电磁阀
SQ2	I0.2	上限位开关	YV3	Q0.2	手爪电磁阀
SQ3	I0.3	右限位开关	YV4	Q0.3	右移电磁阀
SQ4	I0.4	左限位开关	YV5	Q0.4	左移电磁阀
SQ5	I0.5	手爪开关	YV6	Q0.5	气缸 I 伸出电磁阀
S1	I0.6	光电传感器 1	YV7	Q0.6	气缸 II 伸出电磁阀
SB2	I1.0	停止按钮	KM	Q0.7	控制电动机接触器
SB3	I1.1	复位按钮	EL1	Q1.0	红色指示灯
S2	I1.2	传感器 2	EL2	Q1.1	绿色指示灯
S3	I1.3	传感器 3			
S4	I1.4	传感器 4			
S5	I1.5	气缸 I 伸出极限			
S6	I1.6	气缸 I 缩回极限			
S7	I1.7	气缸 II 伸出极限			
S8	I2.0	气缸 II 缩回极限			

（2）PLC 外部硬件连接示意图。

略。

（3）梯形图程序如图 2-135 所示。

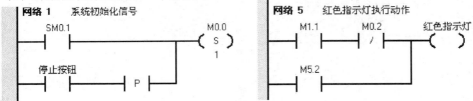

图 2-135　物料分拣设备主程序

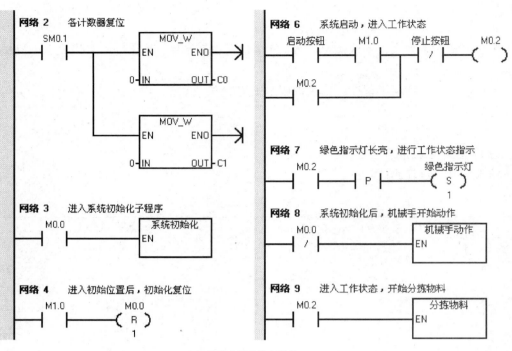

（a）物料分拣设备主程序

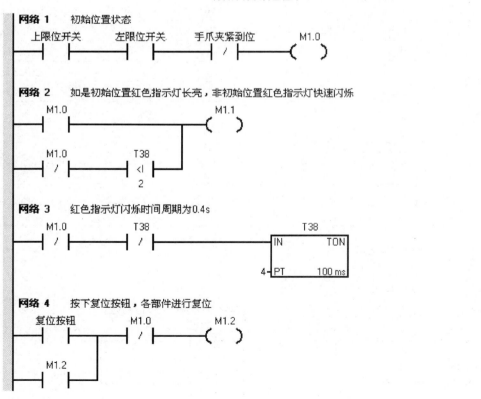

图 2−135　物料分拣设备主程序（续）

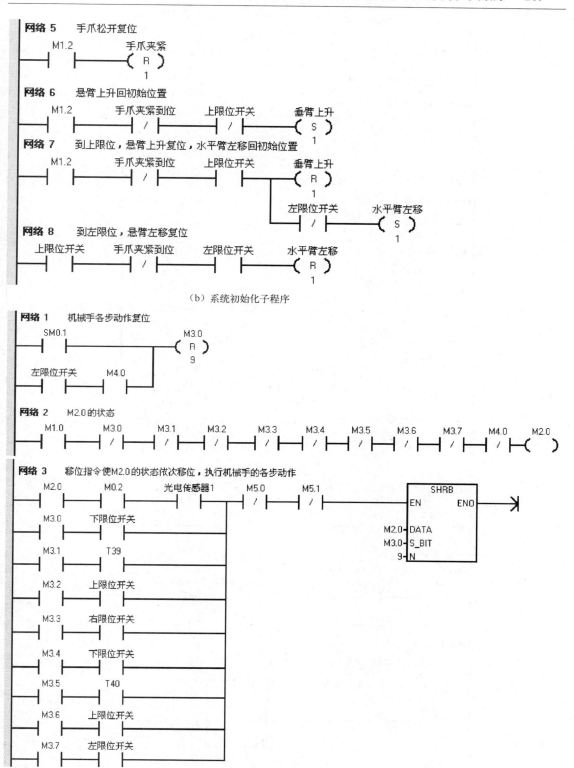

图 2-135　物料分拣设备主程序（续）

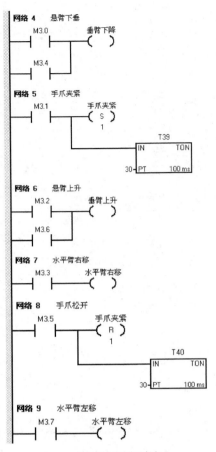

（c）机械手动作子程序

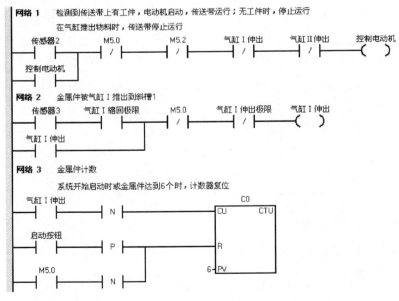

图 2-135　物料分拣设备主程序（续）

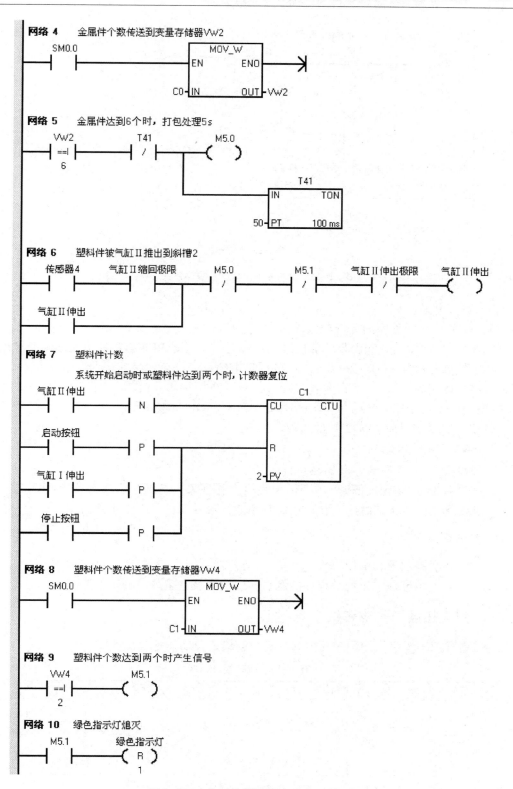

网络 4　金属件个数传送到变量存储器 VW2

网络 5　金属件达到 6 个时，打包处理 5s

网络 6　塑料件被气缸Ⅱ推出到斜槽 2

网络 7　塑料件计数
　　　　　系统开始启动时或塑料件达到两个时，计数器复位

网络 8　塑料件个数传送到变量存储器 VW4

网络 9　塑料件个数达到两个时产生信号

网络 10　绿色指示灯熄灭

图 2-135　物料分拣设备主程序（续）

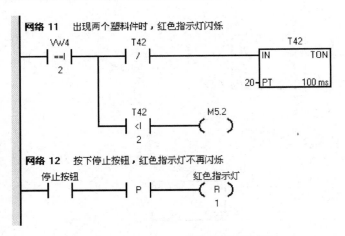

（d）分拣物料子程序

图 2-135　物料分拣设备主程序（续）

（4）调试并运行程序

根据任务，进行程序的运行与调试。

① 按照输入/输出分配表与外部接线图，进行 PLC 主机单元与实训单元之间的接线。

② 连接计算机与 PLC 主机单元之间的通信电缆。

③ PLC 接电源。

④ 打开 PLC 的电源开关，"RUN/STOP" 置于 STOP 状态。

⑤ 用 STEP7-Micro/WIN32 软件编程。

⑥ 下载程序至 PLC。

⑦ PLC 置于 RUN 状态，开始运行程序。

⑧ 按照控制要求操作面板上的开关，观察实验现象，判断是否实现程序功能。若不能实现，则通过 "程序状态监控" 找出错误并修改，重新调试，直至正确为止。

3. 实训记录

（1）描述实验现象和工作原理。

（2）记录实验过程中出现的程序问题、接线问题及所采取的处理方法。

三、知识拓展——跳转指令

跳转指令用于程序执行顺序的控制，指令的格式及功能见表 2-53。

表 2-53　跳转指令格式

梯　形　图	语　句　表	功　能
n　　　　n ——(JMP) —LBL	JMPn LBLn	跳转指令 跳转标号
ROR EN　ENO— —INDX —INIT　——(NEXT) —FINAL	FORIN1，IN2，IN3 NEXT	循环开始 循环结束

跳转指令（JMP）对程序中的指定标签（n）执行分支操作，当使能输入有效时，使程序跳转到指定标号 n 处执行。

标号指令（LBL）标记跳转目的地（n）的位置，标号 $n=0 \sim 255$。

跳转指令（JMP）和跳转地址标号指令（LBL）配合使用，实现程序的跳转。当使能输入无效时，将顺序执行程序。

跳转及其对应的标号指令必须始终位于相同的程序块中，在同一个程序块内跳转，如主程序、同一子程序。不能从主程序跳转至子程序中的标号，也不能从子程序跳转至该子程序之外的标号。可以在 SCR 段中使用跳转指令，但对应的标号指令必须位于相同的 SCR 段内。

跳转指令的使用如图 2-136 所示。

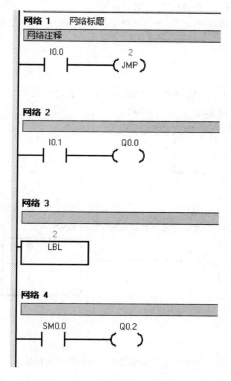

图 2-136 跳转指令的使用

例题 4：PLC 对自动车库的控制。控制要求如下。

（1）存车：当汽车到达车库门前时，车灯亮 3 次，车感传感器 B2 收到信号，延时 5s 自动开启车库门，直至上极限开关 S1 收到信号之后道杆自动上升，直到压住道杆上限开关 S3，汽车经过道杆时，地磁传感器 B1 检测到有车经过。通过道杆后，B1 出现下降沿，道杆自动下降，直到压住其下限开关 S4。汽车到位后，车位传感器 B3 动作，车库门自动关闭，直到压住门下限开关 S2。

（2）取车：倒车时，B3 出现下降沿，延时 5s 自动打开车库门，直至压住门上限开关。之后道杆自动上升，直至上限。汽车退出车库，通过道杆后，地磁传感器 B1 出现下降沿，道杆自动下降，关闭车库门，直到压住各自下限开关。

（3）车库门开启压住上限开关时，指示灯 H1 亮，提示驾驶员可以进出。

（4）按下急停按钮或车库门电动机过载或道杆电动机过载时，报警灯 H2 以 1s 的周期闪烁。

（5）车库门内外设有车库门和道杆手动控制按钮用来进行人工控制。

程序如图 2-137 所示。

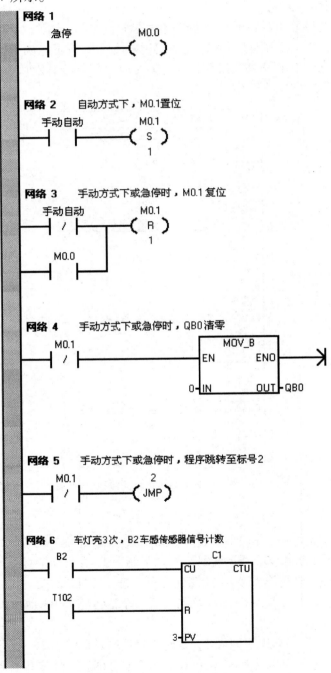

图 2-137　例题 4 程序图

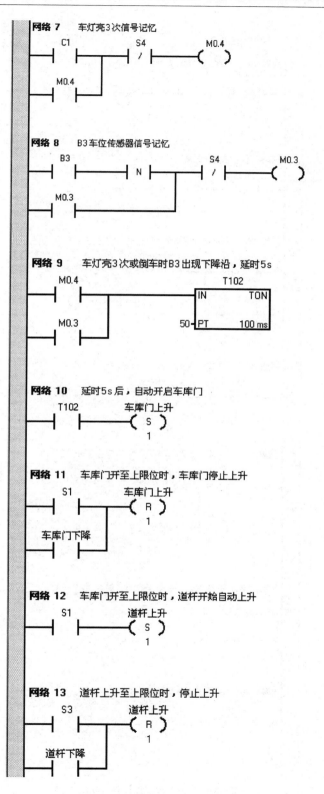

图 2-137　例题 4 程序图（续）

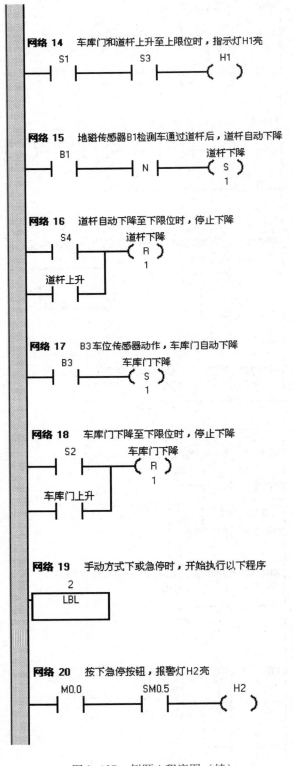

网络 14 车库门和道杆上升至上限位时，指示灯 H1 亮

```
S1        S3        H1
─┤├───────┤├───────( )
```

网络 15 地磁传感器 B1 检测车通过道杆后，道杆自动下降

```
B1                  道杆下降
─┤├──────┤N├────────( S )
                      1
```

网络 16 道杆自动下降至下限位时，停止下降

```
S4        道杆下降
─┤├───────┤├─────( R )
                    1
道杆上升
─┤├───────┤
```

网络 17 B3 车位传感器动作，车库门自动下降

```
B3        车库门下降
─┤├───────┤├─────( S )
                    1
```

网络 18 车库门下降至下限位时，停止下降

```
S2        车库门下降
─┤├───────┤├─────( R )
                    1
车库门上升
─┤├───────┤
```

网络 19 手动方式下或急停时，开始执行以下程序

```
        2
    ┌───────┐
    │  LBL  │
    └───────┘
```

网络 20 按下急停按钮，报警灯 H2 亮

```
M0.0      SM0.5     H2
─┤├───────┤├───────( )
```

图 2–137 例题 4 程序图（续）

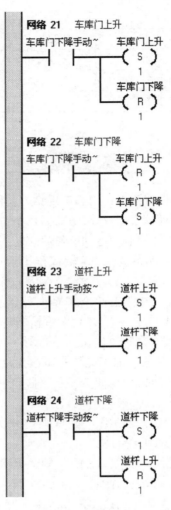

图 2-137　例题 4 程序图（续）

从网络 19 开始为手动控制的程序，当网络 5 中条件满足时，程序跳转到标号 2，即网络 19 处，执行以后的程序。

输入/输出接口分配表见表 2-54。

表 2-54　I/O 分配表

PLC 编程元件	作　用	PLC 编程元件	作　用
I0.0	急停	I0.7	车库门上限开关 S1
I0.1	手动/自动	I1.0	车库门下限开关 S2
I0.2	车库门上升手动按钮	I1.1	道杆上限开关 S3
I0.3	车库门下降手动按钮	I1.2	道杆下限开关 S4
I0.4	地磁传感器 B1	I1.3	道杆上升手动按钮
I0.5	车感传感器 B2	I1.4	道杆下降手动按钮
I0.6	车位传感器 B3	Q0.0	车库门上升

PLC 编程元件	作　用	PLC 编程元件	作　用
Q0.1	车库门下降	Q0.4	指示灯 H1
Q0.2	道杆上升	Q0.5	报警灯 H2
Q0.3	道杆下降		

思考与练习

有一个数控机床，T1、T2、T3 为钻头，用其实现钻刀功能；T4、T5、T6 为铣刀，用其实现铣刀功能。X 轴、Y 轴、Z 轴模拟加工中心三坐标六个方向上的运动。围绕 T1 ~ T6 刀具，分别运用 X 轴的左右运动、Y 轴的前后运动、Z 轴的上下运动。

（1）拨动"运行控制"开关启动系统。"X 轴运行指示灯"亮，模拟工件正沿 X 轴向左行。

（2）触动"DECX"按钮 3 次，模拟工件沿 X 轴向左运行 3 步，拨动"X 左"限位开关，模拟工件已到指定位置。此时 T3 钻头沿 Z 轴向下运动（Z 灯、T3 灯亮）。

（3）触动"DECZ"按钮 3 次，模拟 T3 转头向下运行 3 步，对工件进行钻孔。拨动"Z 下"限位开关置 ON，模拟钻头已对工件加工完毕；继续触动"DECX"按钮三次，模拟 T3 钻头返回刀库，复位"Z 下"限位开关后，使"Z 上"限位开关置 ON，系统将自动取铣刀 T5，准备对工件进行铣加工。

（4）同上，触动"DECZ"3 次，复位"Z 上"限位开关后，置"Z 下"限位开关为 ON，"Y 轴运行指示灯"亮，模拟对工件的铣加工。

（5）触动"DECY"按钮 4 次后，拨动"Y 前"限位开关置 ON，模拟铣刀对工件加工完毕，系统进入退刀状态（Z 轴运行指示灯亮）。

（6）再次触动"DECZ"按钮 3 次，复位"Z 下"限位开关后，置位"Z 上"限位开关，模拟铣刀 T5 回刀库。

参 考 文 献

［1］河南省职业技术教育教学研究室.《电气与 PLC 控制技术》. 北京：电子工业出版社，2008.

［2］《SIMATIC S7 - 200 可编程控制器系统手册》. 2008.

［3］王永华.《现代电气控制及 PLC 应用技术》（第二版）. 北京：北京航空航天大学出版社，2008.

［4］张艳.《PLC 编程与应用》. 南京：凤凰出版传媒集团／江苏教育出版社，2010.

［5］常文平.《电气控制与 PLC 原理及应用》. 西安：西安电子科技大学出版社，2006.

［6］连赛英.《机床电气控制技术》. 北京：机械工业出版社，2009.

［7］胡秧利.《数控机床控制技术基础——技能训练》. 北京：高等教育出版社，2005.

［8］齐占庆.《机床电气控制技术》（第 4 版）. 北京：机械工业出版社，2008.

反侵权盗版声明

电子工业出版社依法对本作品享有专有出版权。任何未经权利人书面许可，复制、销售或通过信息网络传播本作品的行为；歪曲、篡改、剽窃本作品的行为，均违反《中华人民共和国著作权法》，其行为人应承担相应的民事责任和行政责任，构成犯罪的，将被依法追究刑事责任。

为了维护市场秩序，保护权利人的合法权益，本社将依法查处和打击侵权盗版的单位和个人。欢迎社会各界人士积极举报侵权盗版行为，本社将奖励举报有功人员，并保证举报人的信息不被泄露。

举报电话：(010) 88254396；(010) 88258888

传　　真：(010) 88254397

E－mail：dbqq@phei.com.cn

通信地址：北京市海淀区万寿路173信箱

　　　　　电子工业出版社总编办公室

邮　　编：100036